微软"创新杯"中国区组委会策划出版
Dream it. Build it. Live it.

Imagine Cup

微软"创新杯"作品集
(2015)

A Collection of Imagine Cup China
Competition Projects (2015)

刘颖 主编

清华大学出版社
北京

内 容 简 介

本书收录了 Imagine Cup 微软"创新杯"全球学生大赛 2015 年中国区的代表性作品。全书内容包括五篇：游戏开发(12 个作品)、最佳创新(7 个作品)、世界公民(9 个作品)、触笔交互技术专项(1 个项目)、Kinect for Windows 技术专项(2 个作品)。本书适合作为参加 Imagine Cup 微软"创新杯"全球学生大赛的参赛学生及指导教师的参考用书，也可作为从事相关技术开发的工程技术人员的参考读物。

图书在版编目(CIP)数据

Imagine Cup 微软"创新杯"作品集(2015)/刘颖主编.--北京：清华大学出版社，2016
ISBN 978-7-302-41902-0

Ⅰ．①I…　Ⅱ．①刘…　Ⅲ．①青少年－创造发明－科技成果－世界　Ⅳ．①N19

中国版本图书馆 CIP 数据核字(2015)第 259753 号

责任编辑：盛东亮
封面设计：李召霞
责任校对：李建庄
责任印制：宋　林

出版发行：清华大学出版社
　　　网　　　址：http://www.tup.com.cn，http://www.wqbook.com
　　　地　　　址：北京清华大学学研大厦 A 座　　　　　　邮　　编：100084
　　　社 总 机：010-62770175　　　　　　　　　　　　邮　　购：010-62786544
　　　投稿与读者服务：010-62776969，c-service@tup.tsinghua.edu.cn
　　　质量反馈：010-62772015，zhiliang@tup.tsinghua.edu.cn
　　　课件下载：http://www.tup.com.cn，010-62795954
印 刷 者：北京鑫丰华彩印有限公司
装 订 者：三河市溧源装订厂
经　　销：全国新华书店
开　　本：185mm×260mm　　　　　印　张：11.5　　　　字　　数：287 千字
版　　次：2016 年 1 月第 1 版　　　　　　　　　　　　印　　次：2016 年 1 月第 1 次印刷
印　　数：1～2500
定　　价：59.00 元

产品编号：066280-01

序

2015 年是微软发布 Windows 操作系统 30 周年,发布 Windows 95 这一划时代的操作系统 20 周年,更是 Windows 10 这一全新平台的诞生之年。微软进入中国已经二十多年了,伴随着中国改革开放的步伐,微软在中国的业务也蒸蒸日上,在中国的雇员从 20 世纪 90 年代初期的几个人到现在数千人的规模,可谓几乎把全线业务都植根于中国了,不但吸引和培养了不少人才,而且也帮助中国进行改革开放的建设。但和很多其他跨国公司一样,微软在中国的商业活动也不时受人诟病,有人甚至提出了所谓的"微软霸权主义"。微软作为全球最成功的商业公司之一,逐利无疑是所有投资人最基本的要求。作为在跨国企业工作的员工,我也经常问自己:我们对社会的价值何在? 能够为中国的未来贡献些什么呢? 有时我也疑惑在外企工作能否做一些有情怀的事情。

2012 年,我重新回到了微软,遇到了微软"创新杯"学生科技大赛,我认为我找到了在跨国公司中最有"情怀"的事情:每年,这个活动影响着众多学生,包括博士生、研究生、大学生、高中生乃至初中生和小学生;每年,微软"创新杯"吸引着数以万计的学生参与;学生们提交的参赛作品有一千多个;围绕微软"创新杯"举办的校园巡讲有一百多场;春天在校园举行数十场校区和区域选拔赛;随后数十只团队参加全国半决赛和全国总决赛;最终中国区的优胜团队会去参加全球总决赛。围绕着"创新杯"的活动,我们代表微软为学校捐赠微软全线软件,参赛学生可以免费使用微软正版软件从事科技创新活动;我们还帮助学校开设选修课程,帮助同学掌握前沿信息技术。

好事多磨,凡事都不可能是一帆风顺的,尤其在过去的 12 个月中,我们遇到了所有公司都会遇到的业务调整、资源不足等问题,但是我和我的团队还是成功地举办了这一年度的"创新杯"比赛,看着学生们欢乐的笑脸和优秀的作品,我们所遇到的问题又算什么呢?

整个时代在改变,整个 IT 界在改变,微软也随着市场在改变,以适应新的形势,但是对中国学生科技创新的支持不应改变,微软的有识之士一定会认识到这是有情怀的事情,这是中国的未来,也是微软在中国的未来。

在这里要感谢为微软"创新杯"而日夜操劳的同事们:杨滔、刘颖、孙晓静、周颖、李华、周闻钧、李秋逸、余家琛、吴若彤、冯新蕾、王艳、肖江等,没有你们就不会有这么精彩的赛事! 也要感谢曾经为微软"创新杯"努力工作的战友们:成都的余欣、王华银、广州的高嫒、山东的董明和史云、南京的张健以及目前远在美国西雅图的么晓玉等! 感谢你们为"创新杯"做出的努力和奉献,你们永远是微软"创新杯"的成员!

夏　鹏

2015 年 8 月

关于 Imagine Cup 微软"创新杯"全球学生大赛

Imagine Cup 微软"创新杯"全球学生大赛是目前全球规模最大、影响最广的学生科技大赛。2003 年创办以来,至今已有来自 190 多个国家和地区,超过 165 万名学生参与了"创新杯"比赛和相关活动。Imagine Cup 是一个平台,参赛学生可以在这个平台上释放他们的创意和技术才能,在最新的技术平台上创建一流的科技解决方案,将创意变为商业现实,帮助学生提升就业和创业所需的技能,也着力于培养学生的创新精神和社会责任感。

Imagine Cup 2015 比赛全球总决赛于 2015 年 7 月在美国西雅图举行。Imagine Cup 2015 设有世界公民(World Citizenship)、游戏开发(Games)和最佳创新(Innovation)三个比赛项目(Competitions)以及 Pitch Video、Project Blueprint、User Experience 和 Code Hunt 等挑战赛项目(Challenges)。

如果你选择参与此比赛,则表明你同意接受以下条款:

(1) Imagine Cup 官方规则;

(2) Imagine Cup 2015 中国区比赛规则。

在"Imagine Cup 官方规则"与"Imagine Cup 2015 中国区比赛规则"有冲突的情况下,以"Imagine Cup 官方规则"为准。

Imagine Cup 2015 中国区比赛规则针对世界公民、游戏开发和最佳创新三个竞赛项目而设立。参加三个竞赛项目的作品按照各自的评分标准分别评分。各个阶段的结果,均根据作品在三个竞赛项目的独立排名而定。

所有挑战赛项目参赛选手请访问 www.imaginecup.com 根据相关比赛规定和要求直接参与全球比赛。

1. 比赛开始和结束日期

世界公民、游戏开发和最佳创新三个竞赛项目独立评分评选,中国区比赛轮次和作品提交时间如下:

比赛轮次	开始时间	结束时间
第一轮:报名及中国区初赛	2014 年 9 月 10 日	2014 年 12 月 31 日 23:59
第二轮:中国区复赛	收到复赛通知后	2015 年 3 月 31 日 23:59
第三轮:中国区半决赛	2015 年 4 月 10 日	2015 年 4 月 10 日

续表

比 赛 轮 次	开 始 时 间	结 束 时 间
第四轮：中国区决赛	2015 年 4 月 20 日	2015 年 4 月 22 日
全球在线半决赛	2015 年 5 月 1 日	2015 年 5 月 31 日
全球总决赛	2015 年 7 月 27 日	2015 年 8 月 1 日

所有参赛作品都必须在每个轮次的截止日期前提交，以保证拥有参赛资格。每个轮次具有特定的参赛要求。

2. 参赛选手

参赛选手应满足 Imagine Cup 官方规则的"Can I Enter?"及"TEAMS，ASSOCIATES"章节中规定的资格要求。

一个团队最多可以包括四名在校学生。团队成员可以来自不同国家和地区，也可以来自不同学校，但一个团队只能代表一所中国大陆地区的学校。

参赛选手必须在 2014 年 9 月 10 日前满 16 周岁，中国大陆的学生应当为 2014 年 1 月 1 日到 2015 年 7 月 31 日在中国大陆地区学校注册的在校学生。参赛选手必须遵守所在学校关于学生参加相关活动的规定。

要成为有效的团队成员，参赛选手必须在报名结束之前注册并组建一个团队或加入一个团队。除了四名团队成员外，团队还可以有一名指导教师，指导教师必须在报名结束之前注册。

3. 参赛方式

参赛选手必须在比赛报名期间登录 www.imaginecup.com，根据相关说明，选择相应比赛进行报名。比赛报名截止日期为北京时间 2014 年 12 月 31 日 23：59。与报名参赛相关的更多重要信息请参阅 Imagine Cup 官方规则的相关要求。

4. 中国区比赛阶段

第一轮：中国区初赛

要拥有第一轮的参赛资格，团队必须在第一轮结束之前提交《项目计划书》。《项目计划书》必须按照中国区《项目计划书模板》完成并提交，初赛作品不进行评分和排名。提交完成二周内，评审组会通知参赛团队提交是否合格。提交合格后，该团队即进入第二轮比赛。如果提交不合格，该团队可以在第一轮比赛截止日期前修改并再次提交。

注：进入第二轮比赛后，参赛团队可以对《项目计划书》中描述的解决方案进行修改。

第二轮：中国区复赛

要拥有第二轮的参赛资格，你或你的团队必须在第二轮结束之前提交以下参赛材料：

（1）作品介绍；

（2）作品介绍视频；

（3）应用程序或者应用程序安装包；

（4）应用程序安装使用说明；

（5）作品宣传视频。

作品介绍文档和视频需要清晰体现参赛作品是如何满足各项参赛要求和评分标准的。作品介绍可以提交 Word 或者 PDF 格式，不超过 10 页；也可以是 PPT 格式，最多不超过 20 页。建议使用英文，文件大小不超过 50MB。

作品介绍视频需满足以下要求：

（1）视频必须模拟整个团队在评委前的答辩场景，内容包括：团队介绍、项目介绍、项目的目标群体，以及如何将项目推向市场。视频还应包括项目的软硬件演示。

（2）视频录制可以是中文或英文，但如果进入全球半决赛，必须要求用英文录制视频。

（3）视频必须以 WMV 或者 MP4 文件格式提交。视频大小不得超过 500MB，长度不得超出 10 分钟，不能剪辑和增加特效，讲演期间摄像机不能移动或者切换角度，就像评委在场的现场讲演一样。

应用程序或者应用程序安装包必须满足如下要求：

（1）软件安装平台：Windows——能够安装在 Windows PC 平台的标准是 SETUP. EXE 或者 MSI，如果提交 Windows 商店应用，请提交 APPX 和相关安装文件，包括 PowerShell 脚本；Windows Phone——提供标准的 XAP 或者 APPX 安装文件；Windows Azure——如果是网页类型的项目，请提供网站或服务的 URL。如果是 Windows 相关应用，请遵照上述平台要求，如果是嵌入式项目，请提供与嵌入式系统交互的模拟程序来模拟数据和接口交互。控制台应用必须以 EXE 格式提交。所有参加作品压缩后提交 ZIP 文件。

（2）应用程序或安装包不得超过 500MB。

（3）程序运行时如果需要 Kinect、触摸屏等硬件、网络交互、Xbox 控制器等，请提供测试账号和密码，需要在应用程序安装指南中说明。

（4）程序运行时如果需要网络链接，需要在应用程序安装指南中说明。

（5）程序运行建议支持英文交互。（中国区比赛不做硬性要求，如果入围全球半决赛必须支持英文交互）。

应用程序安装使用说明可以 DOC、DOCX、PPTX、PPT 或者 PDF 格式提交，文档应说明应用程序安装和使用的过程。

作品宣传视频目的在于对所完成项目进行宣传，视频应满足下列要求：

（1）时间不超过 30 秒；

（2）视频大小不超过 50MB；

（3）以 WMV 或者 MP4 为格式。

第三轮：中国区半决赛

第二轮比赛截止后，评审组将根据评分标准对作品进行评分和排名，以下团队将有资格进入中国区半决赛：

（1）所有校区选拔赛的第一名将进入中国区半决赛；

（2）除校区选拔赛的第一名以外，在其他所有参加中国区比赛的团队中，三个竞赛项目的前 10 名（共 30 名）团队将进入中国区半决赛。

中国区半决赛采用线上形式进行，参赛团队在第二轮提交作品的基础上需要完成：

（1）项目简述（5 分钟）；

（2）回答评委提出的相关问题（15 分钟）。

本轮比赛结束后,评审组将根据第二轮和第三轮的总分评选出 18 支团队(每个竞赛项目 6 支团队)进入中国区决赛。如果你的团队晋级到中国区半决赛,在比赛前你的团队将收到参与中国区半决赛的相关说明。

第四轮:中国区决赛

决赛将在 2015 年 4 月下旬举行。中国区决赛采用现场比赛的形式进行,进入决赛的团队将获邀在决赛地点进行为期两天的比赛。

团队向评审组提供最多两轮 20 分钟的应用现场演示以及 15 分钟的问答环节。

如果你的团队晋级到了中国区决赛,在比赛前你的团队将收到参与中国区决赛的相关说明。

5. 中国区奖项设置

世界公民、游戏开发和最佳创新三个竞赛项目独立评分评选,中国区比赛将评出下列奖项:

(1)特等奖(3 支团队):每个竞赛项目特等奖一名,将参加全球在线半决赛,全球半决赛获胜团队将代表中国大陆参加在美国西雅图举行的 Imagine Cup 2015 全球总决赛。

(2)一等奖(6 支团队):每个竞赛项目一等奖 2 名。

(3)二等奖(9 支团队):每个竞赛项目二等奖 3 名。

(4)三等奖:所有进入中国区半决赛但未能晋级中国区决赛的团队将获得三等奖。

(5)参与奖:所有在第二轮比赛中提交了合格作品但未能晋级中国区半决赛的团队都将获得参与奖。

特等奖及一等奖将获得一定金额的奖金,二等奖及二等奖以上获奖团队均将获得比赛颁发的奖杯。三等奖及三等奖以上获奖团队的所有参赛队员和指导教师均将获得比赛颁发的获奖证书。参与奖获奖团队的所有参赛队员和指导教师将获得比赛颁发的参与证书。

"创新杯"官方网站:WWW. IMAGINECUP. COM

"创新杯"中国区网站:AKA. MS/ICCHINA

"创新杯"新浪微博账号:@微软创新杯

目　　录

第三篇　世界公民

第四篇　触笔交互技术专项

第五篇　Kinect For Windows 技术专项

第一篇

游戏开发

游戏开发评分标准：

- 概念性(15%)：项目是否有清晰的市场和用户？项目是否清晰地阐述了需求、问题和商业机会？游戏核心设定是否容易理解并引人入胜？

- 娱乐性(50%)：游戏是否激动人心？玩家反馈如何？游戏的难度设置是否合理？用户是否有兴趣不断进行游戏？游戏设置、脚本、艺术方向和其他领域是否有引人入胜的创新？

- 可行性(20%)：游戏是否容易学习和使用？是否有玩家帮助、引导和暂停？用户交互、艺术设计、音乐和音效是否专业？解决方案性能如何？对输入数据的响应如何？解决方案是否选用了合适的平台？主要功能点是否合适？

- 可用性(15%)：商业模式是否有可实施的计划？是否有外部市场调查、焦点小组测试和beta测试？如何使用团队计划在市场竞争中获胜？

游戏开发项目 1　Traverse

团队名称：ADoor

姚少博：北京大学，工程师

蒋严冰：北京大学，指导教师

1. 系统主题

1）引言

《Traverse》是一款横版动作解谜类游戏，游戏讲述的是一个拥有操控时空能力的魔法师在奇异的世界中旅行的故事。游戏的核心机制是主角的两个技能：制造虫洞，让主角穿越空间；制造结界，让主角暂停时间。游戏以这样一个故事影射掌握了先进技术的现代人类，在轻易运用连自身都难以理解的物理规律去大规模影响世界或制造战争时，所面临的道德拷问和现实困境。

2）选题动机与目的

在制作游戏之前，恰逢电影《星际穿越》上映，观看之后作者相当震撼。作者一直以来就是一名物理爱好者，再加上这部电影的启迪，便想制作一款与时空相关的解谜类游戏，《Traverse》的灵感就这样诞生了。在核心玩法的设计上，作者最终为主角赋予了与时空相关的两个技能。在玩法与类型确定后，作者开始思考游戏的题材，最终作者为游戏赋予了一个关于科学、战争与和平的题材。作者想通过科学家爱好和平却又创造武器这一悖论，来揭示一段近代科学大师们面对战争与和平时艰难抉择的故事。

3）作品背景

作品表面上看是一个奇幻故事，讲述的是一位魔法师在超现实的世界中的旅途，而背后映射的却是现实的世界。

2. 需求分析

1）概要

在设计核心玩法时，作者曾尝试了多种设计，模拟过相对论的时缩效应和尺缩效应，也尝试过统一时间轴与空间轴，但是发现可玩性都不够强。后来经过多次尝试，最终敲定了现在的核心玩法，即"虫洞＋时间结界"作为主角核心技能。这两个核心机制的创意前者来自于《超级玛丽》的钻水管与《传送门》的核心玩法，后者来自于《龙珠》中基纽特战队古尔多的技能与《DotA》中虚空假面的技能。这两个技能既容易让玩家理解接受，也比较容易组合出有趣的谜题，而且在一定程度上，这两者也具有等效性，可以让游戏解谜的选择变得丰富,所以最终选择这两个技能作为核心玩法。在谜题设计上,作者秉承了开放式的谜题设计思路,让每个谜题有尽可能多的通过方式,努力让玩家不仅仅是游戏的欣赏者,同时也是游戏的创造者。

2)用户人群

《Traverse》是一款谜题设计精巧的游戏,注重玩法和机制,横版游戏和独立游戏爱好者都是《Traverse》最重要的目标用户。

另外这款游戏玩法虽相对简单,但谜题却有一定难度,所以属于易于上手但难于过关的类型。各个群体都可以在游戏中得到乐趣。游戏登陆电视端也正是希望让更多人感受到游戏的乐趣。

3)竞争对手和竞争优势分析

游戏的竞争对手为同类型的平台动作解谜类游戏。尽管该类型游戏在国内并不多见,但是放眼世界,该类型游戏的经典作品很多。我认为与其说与同类型经典作品是竞争关系,倒不如说是相互影响、相互促进的关系。希望《Traverse》最终能与同类型的作品一起被更多玩家接受,为更多玩家带来快乐。

该作品的优势主要在于游戏开放式的谜题设计以及核心玩法上。《Traverse》在这两方面的创新会为玩家带来许多前所未有的乐趣,从而使这款游戏具有一定的竞争力。

3. 系统设计

1)技术方案和技术亮点

游戏使用 Unity 引擎开发,并且利用了该引擎应用商店中的许多插件。

在游戏内容的正式开发之前,作者首先使用 Unity 引擎为游戏制作了一个编辑器,编辑器用 C♯ 写成,主要利用面向对象的思想,将游戏中需要用到的模块整合,并为需要设置的数值、功能等留出接口,而游戏本身是利用这个编辑器开发而成的。这个编辑器将游戏中大量的参数可视化,并且将游戏中会用到的功能模块组件化。编辑器主要包括下列具体内容。

主角控制器:可以直接设定主角的速度、弹跳能力以及技能的作用范围等所有与主角相关的参数。

摄像机控制器:负责游戏全部的镜头控制,包括镜头的拉伸、平移、旋转、扭曲等。

开关与场景动态系统:控制所有场景中会移动的物体,以及移动的交互方式。

死亡板:负责判定主角的死亡条件以及复活点。

场景道具管理器:负责箱子、云朵、彩蛋等场景中可能出现道具的控制。

音频控制器:负责游戏中音乐音效的控制。

可扩充组件:为新功能留出的接口。

利用编辑器来开发游戏,基本可以实现在游戏的开发中无须写代码,这样可以让作者把更多的精力放在关卡的设计与调整上。

2）主要功能以及描述

（1）基本动作

如图 1 所示，玩家可以通过键盘的方向键或手柄的左摇杆来控制主角前后移动；通过键盘的空格键或者手柄的 RB 键来控制主角跳跃；通过键盘的 Z 键或手柄的 B 键来实现与场景中某些元素的交互。

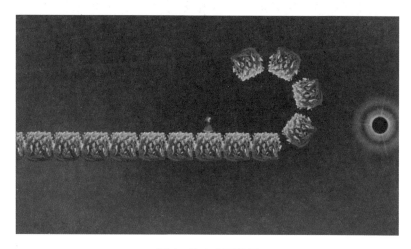

图 1　动态交互场景

（2）制造虫洞

如图 2 所示，玩家可通过键盘的 I、K、J、L 键或手柄的右摇杆来让主角在自己的前后左右制造虫洞，最多可以同时存在两个虫洞。玩家从一个虫洞进入，从另一个虫洞穿出，从而形成空间上的穿越。虫洞不可以在障碍物上制造。

图 2　虫洞

（3）时间结界

如图 3 所示，玩家可以通过键盘上的 Q 键或手柄的 A 键来制造时间结界，结界罩住的全部物体（除主角以外）会静止不动，主角离开结界，则结界消失。

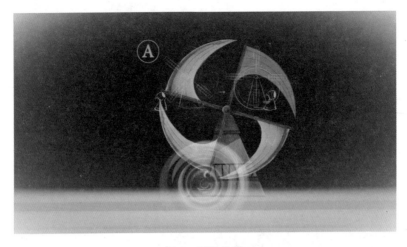

图 3 时间结界

4. 系统环境

（1）系统软件环境：Windows 平台。

（2）系统硬件环境：PC,P4 3.0GHz 以上处理器,2GB 以上内存,500MB 以上硬盘空间。

（3）系统开发环境：Visual Studio 和 Unity。

5. 未来发展方向

由于客观条件的限制,游戏还有很多内容没有完成。游戏预计会有多个世界,每个世界会有一个主色调以及一个属于这个世界的特点。另外在之后的内容中,玩家可以得到更多的线索,从而揭开游戏中所蕴含故事的含义。

之前由于某些客观因素影响,游戏只能由作者一人开发。之后作者会组建团队,继续完善游戏,开发后续内容。

游戏完成之后会通过分章节方式发售,希望可以首先登陆 Xbox 平台与 PC 平台,之后视情况考虑移植到移动平台。

游戏开发项目 2　爱米逃亡记

团队名称：Amy Forerunner，三峡大学

任强：三峡大学，软件工程师

胡文杰：三峡大学，软件工程师

孙佳丽：三峡大学，软件工程师

李梦初：三峡大学，软件工程师

刘士成：三峡大学，指导教师

1. 系统主题

《爱米逃亡记》是一款以跑酷为表现形式的动作类游戏。在游戏中，玩家可以选择四个主角精灵——"硬汉"、"爱米"、"大嘴"、"怪胎"作为自己的角色与外星人斗智斗勇。虽然开始阶段主角们能力有限，但是随着游戏的进行，玩家通过不断地获取宠物及座驾来提升精灵的技能，直到将外星人赶出地球，精灵们也回到自己的家园。

2. 需求分析

时下最流行的手机游戏中，跑酷类手游绝对是名列前茅的。因为它作为一款竞技类游戏，不仅能带给玩家极限的刺激体验和成就感，挑战性十足；同时也承载了玩家对跑酷的向往和情怀。Windows Phone 平台跑酷类游戏高质量的比较少，一款基于 Windows Phone 平台的跑酷游戏《爱米逃亡记》便应运而生。

3. 系统设计

1）实现系统所采用的技术方案和技术亮点

画面表现精准。我们团队有优秀的场景设计人员，精心的设计使游戏有着良好的场景效果、出色的角色动作和逼真且生动的速度感特效。

操作判定准确。该游戏采用丰富的五条游戏轨道，跑酷游戏需要将用户的各类操作瞬时反馈到游戏中，不管是跳跃还是俯身下滑，玩家都不会有延时的感觉。

碰撞判定准确。该游戏采用良好的"碰撞-结果"体系，碰撞检测做了较为精细的设计，使每一次碰撞都能得到及时的反馈。

2）系统结构

整个软件大体分为三个模块：视图（View）、数据模型（Model）和事件输入（Event）。视图是游戏中看得见的界面部分，它是人机交互的载体，同时也直观地反映游戏逻辑和体验效果，

数据模型用于存储游戏过程中的参数,控制游戏的执行逻辑,是游戏的关键部分,事件输入是用户和游戏交互时,通过触摸或者重力感应产生事件并发送给游戏视图以完成和用户的交互。系统结构如图1所示。

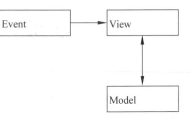

图 1　系统结构

3)运行设计

进入游戏初始菜单界面的运行设计如下:

(1)如图2所示,运行游戏,"总控制类"切换界面使"绘制菜单类"绘制的画布显示到主屏幕。游戏主界面显示为关卡、准备开始、使用角色、商城等几个功能,玩家可以从关卡1打到关卡10,在不同城市的旅程将获得不同的游戏体验。

图 2　游戏主界面

(2)如图3和图4所示,选择"开始游戏","总控制类"响应事件并发送命令给"绘制游戏界面类",将相关的数据导入关卡选择栏。

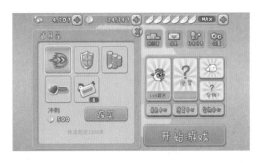

图 3　开始游戏界面

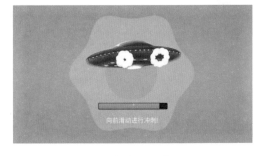

图 4　数据导入界面

(3)如图5所示,选择关卡,"总控制类"响应事件并发送命令给"绘制游戏界面类",读取关卡文件并进行相关的数据导入使游戏初始化,随后开始游戏。

游戏过程中的运行设计如下:

(1)单击游戏界面中右上侧的"暂停"按钮,"绘制游戏界面类"响应事件并暂停游戏,界面切换到选项页面,可以选择"声音设置"、"游戏暂停"、"游戏重置"或"返回上一级菜单"。在此界面中,选择"暂停","绘制游戏界面类"响应事件,使游戏暂停;再次单击,游戏继续。

(2)如图6所示,"绘制游戏界面类"监控界面中的各种碰撞事件并调用相关实体类进行处理。

图 5　关卡界面

图 6　绘制游戏界面

4. 系统环境

（1）系统软件环境：Windows Phone 8、Windows Phone 8.1 和 Windows 10。

（2）系统硬件环境：Windows Phone 8 手机或平板。

（3）系统开发环境：Visual Studio 2013 和 Unity。

5. 未来发展方向

（1）关卡及内容更加丰富。在游戏中根据所在的城市会随机出现相关城市文化的介绍和问答，其中将会设置一定的奖励，让大家在游戏中既能学习世界各地的文化，同时获得更多游戏的奖励等。

（2）每个关卡将会增加游戏的评级机制，针对游戏过程中的操作、得分等因素，评出综合等级并评价其中不足的地方。

（3）商城的开放和道具的丰富。后期将会开放游戏商城，大家可以在里面购买各种不同功能的道具及萌宠，其中的道具及萌宠会不断地得到丰富。

游戏开发项目 3　Hunger Bubble

团队名称：Black Gadget，浙江传媒学院
董宸：浙江传媒学院，软件工程师
龚楚涵：浙江传媒学院，软件工程师
郭菲：浙江传媒学院，美术设计师
张帆：浙江传媒学院，指导教师

1. 系统主题

在科技越来越发达的今天，人类似乎已经对快速发展的科技习以为常，却忽略了高速发展科技背后存在的风险。越来越多的科技用到了不好的地方，例如战争。

在电影《黑客帝国》中，人类发明了拥有人类情感的机器人，最后也被机器人毁灭。

该游戏也是这样的一个故事。但是这次的主角不是机器人，而是气体——原本完全不被人们重视却与人类生存息息相关的事物。没有机器人那么科幻，但是与人类的生活却是如此接近。

2. 系统模式

1）故事模式

在故事模式当中，玩家需要沿着故事线进行游戏。每一关结束之后都会有点数结算，BP值将用于购买游戏皮肤。

（1）第一章：宁静

第一章中玩家扮演的是世界上最后一团空气。在这一章中玩家将了解到各种基本的游戏元素，包括最基本的敌人 Ash 以及最基本的游戏规则。

在这一章中，人类已经灭亡，剩下的只有污浊的气体以及断壁残垣。玩家需要在夹缝中求生存，获得存活技巧。

（2）第二章：新世界的崛起

在第二章中，玩家所扮演的空气回忆起了这一切的起因。人类发明出了一种可以将其他气体与自己合二为一的神奇气体，这导致了一场风波。因为无法控制它的扩散，世界上到处都是这种拥有恶心气味的气体，这一现象称为"气潮"。人们开始想方设法驱赶这种气体。

这一章中，玩家将接触到 NH_3 气体以及人类用于驱赶 NH_3 的装置——吹风机。同样玩家需要自己的技巧来达成特定的目标。

（3）第三章：虚假的胜利

在第三章中，人类本以为驱赶了气体，但吹风机恰恰增加了扩散的速度，于是人类又开始

使用吸风机来吸走这些讨厌的气体,最终出现了成效。结果这些气体慢慢消失在人们的视野中,与往常一样,人类总是能获得最后的胜利。

（4）第四章：裂痕

在人们狂欢后的不久,亚马逊丛林传出森林大面积死亡的消息,死因为 SO_2 中毒。人们才意识到一种新的气体正在蔓延开来。SO_2 懂得躲避危险,所以比起不会移动的 NH_3 它们的危险性更大。

（5）第五章：气体世界的悲剧

不知道这场风波过了多久,空气遇到了 CO_2 气体。这是一种难以言喻的气体,它会与别的气体互相吞噬,气体就像凭空消失了一样。虽然它好像对消除邪恶气体也非常有用,但与此同时也吞噬了大量有益气体。

CO_2 气体到底是从哪里来的？是人为创造的还是大自然创作出来的？这一切都不为人知。

（6）第六章：新生命

又不知道过了多长时间,人类已经毁灭殆尽,世界留下的只有死寂和剩下的不可理喻的气体。

在这个时候,一种新的气体出现了——Wisdom,它们与以往的气体都不一样。它们似乎拥有意识。这是否又是大自然给人类开的一个玩笑？它们懂得躲开危险,也会"捕食"别的气体,一个新的秩序正在建立。

人类灭亡了,但世界永不终结。

2）限时模式

在限时模式中,玩家需要在保证自己生存的情况下,尽可能多地拿到分数,以换取 BP 值购买皮肤。

（1）自定义游戏设置

在游戏开始之前,玩家可以选择自己心仪的游戏场景、游戏时间、气泡出现频率以及其他可设置的选项。

（2）随机生成游戏场景

在游戏开始时,游戏会给玩家创造一个场景,并且根据玩家当前的体积大小创建气泡。

（3）结算分数

在游戏时间结束或者玩家死亡之后,就会结算玩家点数,这由玩家当前体积以及玩家吞噬的气泡数量而定。

3）自定义模式

在这个模式当中玩家可以创建属于自己的地图,之后就可以使用自己的地图开始游戏,或者与他人分享了。

（1）教程

通过教程的播放,玩家不会陷入不会用的尴尬局面。

（2）自由决定地图大小以及场景背景

在创建地图之前玩家可以自己决定地图大小以及背景。

（3）随意放置场景以及气泡

玩家可以移动视角并且放置气泡,放置的气泡可以通过滑动条改变大小,直到改变到玩家满意的形态。

（4）小地图

通过小地图玩家可以看到整个地图的大概样貌,方便整体把握地图。

3. 系统设计

1) 实现游戏所采用的技术方案和技术亮点

通过游戏大循环管理,更好地控制整个游戏流程,并使用 Manager 进行管理,如图 1 所示。

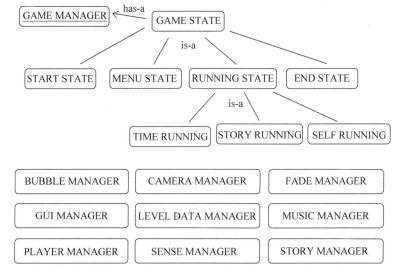

图 1　通过大循环管理控制游戏流程

类族架构使得气泡以及场景道具更加便于管理与扩展,如图 2 和图 3 所示。

图 2　类族架构（1）

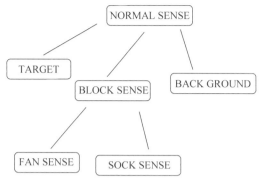

图 3　类族架构（2）

地图的读写全部通过 XML 存储而非使用场景硬编码，大大提高了整个项目的灵活度，也为地图编辑器打好了坚实的基础，如图 4 所示。

图 4　通过 XML 存储实现地图读写

通过合理的资源管理可以更好地将皮肤系统融入游戏。

地图编辑器更延长了游戏寿命，让玩家自己体验一把关卡设计师的工作，如图 5 所示。

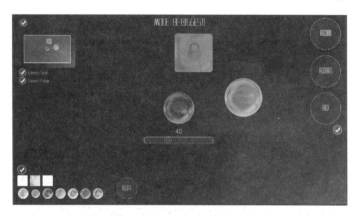

图 5　地图编辑器

2）游戏构架以及架构图

游戏构架以及架构图如图 6 所示。

3）游戏主要美术风格的设计

该游戏整体使用了简约的设计风格，更加符合未来的感觉，而黑色的色调则更加给人荒芜的感觉，与游戏的主题相符合。设计风格贯穿整个游戏，让玩家更加有沉浸其中的感觉，如图 7 所示。

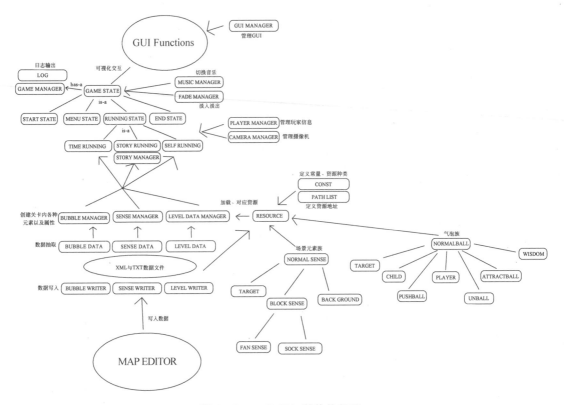

图 6 HungerBubble 整体构架图

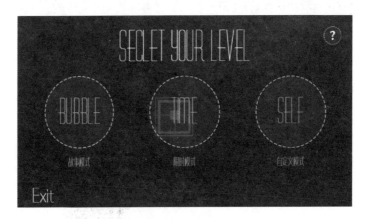

图 7 设计风格

该游戏拥有皮肤系统,每一套皮肤都有着自己的特点,玩家可以使用 BP 值进行购买并且切换,会给游戏带来不同的乐趣,如图 8 所示。

4. 系统环境

(1) 系统软件环境:Windows XP、Windows 8、Windows 8.1。

(2) 系统硬件环境:支持 Windows 或者 Windows 8 应用的平板或者 PC。

（3）系统开发环境：Visual Studio 2013 和 Unity。

图 8　皮肤：Balloon

5. 未来发展方向

（1）技术发展方向：通过强大的可扩展性，扩展出新的气泡种类、场景道具、新的地图以及新的故事等。

（2）市场发展策略：通过强大的皮肤系统，玩家可以贩卖皮肤或者其他场景贴图等。

游戏开发项目 4 The Last Relic

团队名称：Extra Dimension

林意泓：福州大学至诚学院，团队策划、产品经理、图形界面设计、游戏音乐制作

卢森：福州大学至诚学院，Unity 3D 代码编写主要开发人员以及关卡地图设计制作

李丰帆：福州大学至诚学院，人物/机关 AI 代码编写以及部分功能的实现

施伟刚：福州大学至诚学院，3D 模型制作以及 3D 动画制作

金勇辉：福州大学至诚学院，指导老师

朱敏琛：福州大学至诚学院，指导老师

1. 系统主题

1）引言

从休闲游戏大爆发的 2012 年起，人们沉浸在快餐游戏中，但能让玩家体验游戏技巧和激发思考维度的游戏却在变少。

2）选题动机与目的

日式 RPG 一般出现在掌机上较多，往往是掌机或游戏机平台"独占"，如果想在 PC 上进行体验，经常需要被迫安装模拟器才可以玩。随着现在 PC 对手柄的支持越来越好，我们想将这种体验的游戏带到 PC 平台，带到 Windows Store 上，未来再带到 Xbox 上，与全世界的玩家分享解密冒险的乐趣。

3）作品的背景

我们团队有多年游戏开发经验，在大学期间基于各人的爱好，一直进行着与游戏开发相关的工作和训练。并且，作为游戏爱好者，可以比较清晰地认识到当前青年喜欢和迫切需要怎样的一款游戏。

2. 需求分析

1）概要

（1）玩家心理分析

作为游戏爱好者这个群体，在玩了许多游戏之后，普通的游戏对他们一般没有太大的吸引力，他们需要一些有操作技巧性的游戏。然而，单纯操作上的技巧性会令游戏太过于单一，所以需要融入一些解谜概念。

玩家需要充足的反馈，包含画面、声音以及手柄的振动等。尽量从多方位对玩家的感官进

行刺激。

（2）市场分析

应用商店内的冒险解密类游戏还不太多，如果将第一步定在微软的应用商店，很有希望得到第一批用户支持。Windows 10 系统发布后，用户数量将会很可观。

（3）成本分析

目前投入的仅有人力成本以及专业原画成本，成本较低。但比赛后在精细化上就需要提高投入资本了。

（4）风险分析

在制作时间上以及资金链上具有一定的风险性。

2）使用场景

在现实世界无法满足自己冒险的需求的时候，就需要这样一款游戏来满足自己的冒险想法。

3）应用领域/实用性分析

（1）家庭游戏机；

（2）台式机；

（3）平板端；

（4）手机端。

该游戏是 Universal Windows App，共有三套操作方案，匹配了手柄、键鼠以及触摸操控，同时，游戏里添加了多语言支持，把用户群体扩展到了世界范围。

4）市场调查过程和结论

在游戏的构想阶段，通过与许多游戏对比产生了想法。从自身出发是因为我们本身就是在校大学生，并且在问卷调查网上发布了调查问卷，调查了从 14～22 岁之间的青少年的操作习惯和游戏偏好来验证自己的想法。

由于去年参加游戏项目时已组织过焦点测试小组，所以今年焦点测试小组将会继续协助我们，并新邀请了许多热爱游戏的学弟学妹们协助测试。

经过微软"创新杯"的比赛，评委给我们提出了许多中肯的意见，正在努力修改和完善，争取尽快完成第一个较为满意的版本。

5）竞争对手和竞争优势分析

（1）塞尔达传说

日式 RPG 始祖级别的游戏，任天堂设备独占游戏，想要在 PC 上玩必须先安装模拟器。

（2）海之号角

之所以称做手机上的塞尔达传说原因之一就是和塞尔达传说具有类似的风格，但是又存在于其他平台，画面精致，内容较为丰富。

The Last Relic 采用了日式 RPG 的风格，融合了我们自己的观念和新的玩法，结合了动作、解密、角色扮演三大元素，特色的抗敌系统让我们在日式风格 RPG 上独树一帜。在美术方面,我们暂时没有大厂商做得精致,但是这在未来是可以克服和解决的。

3. 系统设计

1)实现系统所采用的技术方案和技术亮点

首先,游戏设计的理念是玩法第一。

最重要的创新之处就是主角可以利用"变身"来操控不同的能力。玩家可以自由选择自己认为最适合的形态来躲避敌人或是触发机关。在构思游戏的时候有想过如何使它与其他游戏产生明显的区分,有自身的独特之处。分析了大量现有的游戏后,发现大多数冒险游戏都是利用道具来对自身的属性或能力进行操控,经过团队数周的思考后得出了"变身"这一在游戏中独树一帜的想法。游戏采用了潜行和解密并行的方式,并且在适当的时机利用适当的剧情推动冒险的进行。

其次是易上手、难精通的特点。

游戏的操作方式即使是一个游戏新手也可以很快适应,它的操作十分简单且容易上手。但是简易之中透着多变性,如果用触屏玩,会识别手指的移动速度以及加速度来调整人物行动的状态,所以如果要在游戏中成为一名能够随机应变的"高手"并不是一件很容易的事情。在解密部分有层层的引导,一开始的谜题会比较简单,随着剧情的发展和关卡的推进,谜题需要推理的部分也越来越多,复杂度也会提高。为了解开谜题甚至需要利用潜行从敌人身上盗取线索而不被发现。

再次,注重玩家心理。

每个人都倾向于获得奖励而不是惩罚,玩过游戏的人都知道死亡的时候简直有种想砸电脑的冲动。游戏刚开始的时候有一些负面的设定,例如不小心触发某些机关后会导致物品的丢失。后来这些都取消了,改成如果成功触发一系列的机关将会得到一些收藏品的奖励。同时,游戏中没有死亡的概念。如果被敌人发现并成功抓住会被带入一个随机迷宫,如果成功逃脱就可以继续游戏。让玩家以最好的心态来享受游戏的乐趣。

2)系统构架以及系统架构图

系统构架以及系统架构图如图 1 所示。

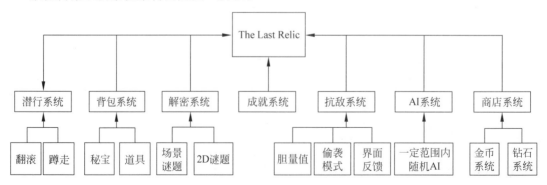

图 1 系统构架以及系统架构图

3）系统人机交互设计和主要界面

系统人机交互设计和主要界面如图 2、图 3 和图 4 所示。

图 2　开始界面

图 3　游戏界面

图 4　商店界面

4. 系统环境

（1）系统软件环境：Windows 平台。

（2）系统硬件环境：支持 x86、x64、ARM 架构。

（3）系统开发环境：Visual Studio 2013 和 Unity 3D。

5. 未来发展方向

1）技术发展方向

技术上来说我们会吸纳更多专业性较强的合作伙伴，从各个方面提升游戏的质量。

2）市场发展策略

由于现今 Windows/Windows Phone Store 上游戏还并不是很多，相较于 Android 平台和 iOS 平台竞争不太激烈，这是一个很好的机遇，在 Windows/Windows Phone Store 上发布游戏可以在没有大量资金推广的状态下比较容易被玩家看到。

我们的游戏计划发布在全平台，争取各个平台之间的统一性，同时计划发布 Xbox 版本。计划成功发布后与一些推广商家合作，扩大游戏的知名度。

游戏初步有两种语言（中文/英文）可供选择，方便世界各地的玩家进行游戏。

游戏的第一步想要用来提升用户量。目前有两种方案：第一种是限时免费下载，第二种则是内付费。

游戏开发项目5　Elude

团队名称：FLYdgling

梁子：四川大学计算机学院,项目组长、美工开发人员

李敬：四川大学计算机学院,构架、剧情设计人员

刘大一恒：四川大学计算机学院,软件开发人员

易鑫池：四川大学计算机学院,软件开发人员

倪胜巧：四川大学计算机学院,指导教师

1. 系统主题

1) 引言

到目前为止,国内移动平台的游戏多数没有将游戏自身的过程与科学急救常识和科普知识很好地结合在一起,而该科学急救游戏软件打破了以往游戏与科学知识相对分离的格局,是一款以自然灾害和人为因素造成的灾害为大背景的"科学急救情景模式游戏"。该游戏运用轻量级的 2D 游戏开发技术,利用 Cocos2d-x 搭建游戏开发框架、Box 2D 引擎优化游戏 2D 环境。继承情景推理的游戏模式,引导用户为有效保护自身安全做出科学应对。因此,我们团队就基于此开发了这一款游戏软件,模拟人生意外和自然灾害,用户在身临其境的游戏体验中还能收获对各种意外的急救科学知识。

2) 选题动机与目的

身为四川大学的学生,虽然没有亲身经历到 512 大地震的惨痛,但是却也经历了如雅安地震等一系列的地震灾害,这让我们深刻感受到了在灾难面前人们是多么渺小和脆弱,我们能够做的仅仅是利用自己有限的逃生知识来尽可能地将伤害减小至最低。但是,在现实生活中,我们接受灾害急救知识的教育非常有限,同时受教育频率也较低(每年 1～2 次),在遇到实际灾害时,我们很可能由于恐慌和紧张就将自己学习到的为数不多的急救知识遗忘殆尽。基于此,我们团队的主创人员提出了利用游戏这个载体将急救知识的教育传达给玩家,让玩家利用琐碎的娱乐时间来潜移默化地接受灾害急救知识教育。当然我们的游戏内容已经不仅仅包含地震灾害,实际上,我们在生活中遇到自然灾害的频率非常低,反倒是人为灾害(例如失火、车祸等)会更多些,因此我们的游戏内容以地震为发散点,已经开发出了火灾章节、急救章节等,让玩家体验科学逃生的过程,从而达到寓教于乐的目的。

3) 作品的背景

运营背景:

(1) 庞大的潜在用户群,中国手机用户数目巨大;

(2) 便携性,人们总是随时随身携带手机;

（3）技术门槛低,开放式的开发平台,增强了该游戏的扩展性;

（4）市场推广方便,运营商和设备厂商的销售渠道、手机内置等直达终端用户。

2. 需求分析

1）用户群体

该游戏的用户群体设定为 14～18 岁的初高中青少年,男性用户和女性用户比例大致为 7∶3,整款游戏的策划、绘图风格、剧情与 UI 都是针对这一用户群体进行设计和制作的,精准的用户群体让我们能够更好把握整个游戏的难度曲线和趣味曲线。要将其作为一款寓教于乐的游戏,我们一定要保证游戏中科普知识的科学性和准确性,因此我们团队不仅和公安消防等部门进行了沟通,还查阅了大量文献和资料。

2）使用场景

该游戏的玩家可以在任何的闲暇时间进行游戏。

3）竞争对手和竞争优势分析

到目前为止,国内移动平台面向未成年人的游戏多数没有将游戏自身的过程与科学急救常识和科普知识很好地结合在一起,用户在体验娱乐的过程中除了愉悦身心之外,缺乏真正有益于自身发展的收获。而我们开发的游戏软件 Elude 是一款以自然灾害和人为因素造成的灾害为大背景的"科学急救情景模式游戏",打破了以往游戏与科学知识传授相对分离的格局。当用户在玩游戏时,引导用户做出科学逃生应对,使用户在玩游戏的同时也能够潜移默化地接受科学的逃生知识,从而起到很好的科普效果。

3. 系统设计

1）实现系统所采用的技术方案和技术亮点

在技术层面,我们采用 Cocos2d-x 跨平台开发工具,保证各个手机平台的完美兼容,对游戏的大部分函数和功能进行了 Plist 封装,这意味着即使不懂任何编程语言,开发人员也只需要遵守我们制定的一套简单的 xml 规则即可参与游戏开发,这极大地增加了整款游戏的可扩展性。

我们团队始终秉持原创的游戏理念,从策划到美工再到代码都是 100% 全原创,针对用户群体,采用全景绘图技术,打造用户喜欢的美工风格。

2）系统构架以及系统架构图

游戏内容采用分章节分关卡的设计,以同一种游戏模式和同一主人公形象贯穿整个游戏,目前设有 3 大章节和 8 大关卡,整款游戏包含了 37 种多变的游戏进程和结果,设有高达 45 种的游戏场景和 87 种游戏道具,310 张 UI 图片保证了整个游戏的丰富性。

图 1 所示即为 Elude 系统架构图。

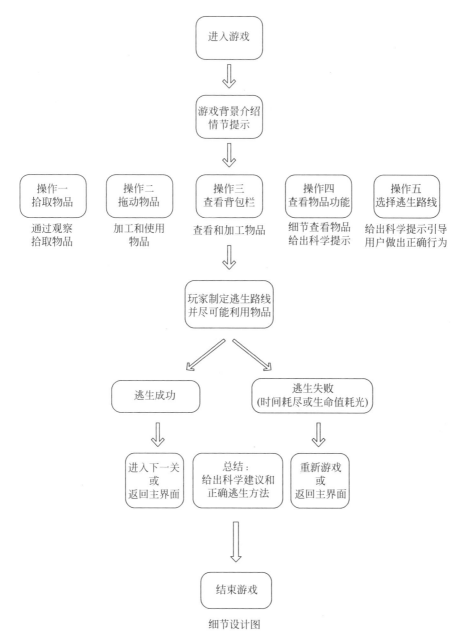

细节设计图

图 1　Elude 系统架构图

3）系统主要功能模块及系统人机交互设计

图 2 和图 3 所示为运行在手机上的 Elude 游戏软件，玩家进入主页后可以选择三个不同的章节，并单击进入接下来的关卡，关卡解锁基于上一关是否闯关成功。

图 4 所示为剧情提示，引导玩家了解当前的具体情况，为之后剧情的展开埋下伏笔。

图 5 所示为 Elude 背包功能。玩家单击"我的背包"后可以看到已经拾取的道具，通过使用、组合和拆分应用到场景当中。

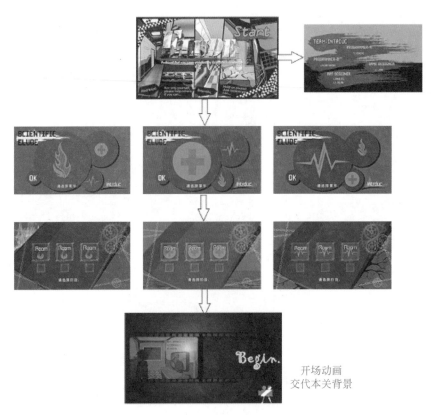

图 2　Elude 游戏软件界面流程图

图 3　Elude 游戏主界面

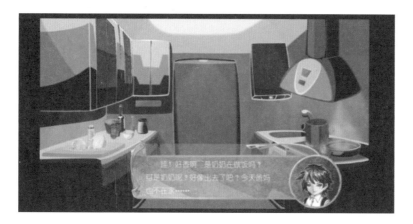

图 4　Elude 剧情提示功能

图 5　Elude 背包功能

4. 系统环境

(1) 系统软件环境：Windows Phone 8，Windows Phone 8.1。

(2) 系统硬件环境：Windows Phone 8 手机。

(3) 系统开发环境：Java，BREW，Cocos2d-x。

5. 未来发展方向

1) 技术发展方向

在技术层面，采用 Cocos2d-x 跨平台开发工具，保证各个手机平台的完美兼容，我们对游戏的大部分函数和功能进行了 Plist 封装，这意味着即使不懂任何编程语言，开发人员也只需要遵守我们制定的一套简单的 xml 规则即可参与游戏开发，这极大地增加了整款游戏的可扩展性。

2) 市场发展策略

关于整个游戏的推广方式，除了上线应用商店以及新媒体宣传外，也在尝试与教育平台合作(例如青少年教育网)。

游戏开发项目 6　Escape Dreamland

团队名称：Four Strong Gods
王思月：山东大学(威海)机电与信息工程学院,动画 UI 设计师
仲晓迪：山东大学(威海)机电与信息工程学院,设计师
周念梅：山东大学(威海)机电与信息工程学院,关卡编辑师
周妍：山东大学(威海)机电与信息工程学院,脚本工程师

1. 系统主题

童话中一个个充满正能量的故事在我们尚且年幼的时候给我们的心灵带来了阳光和梦想。游戏是一种多元结合的现代艺术,能轻松影响人的思想和行为。现在的游戏大多是暴力题材,内容也以暗黑为主。当然,强有力的打击感和爽快的节奏能让玩家得到充分的放松和情感上的宣泄,黑暗的故事情节往往也能让玩家反思人性。但是,在这个浮躁的世界上,最需要的是一个个绮丽的梦,像是能照进人心中的光的正能量。

1) 选题动机与目的

最开始,我们是想以一个舍友为原型做一个恶搞童话风的游戏,用以纪念大学生活。随着策划的编写和游戏制作的进行,慢慢地我们找到了更为开放的题材——童话本身。游戏本身的意义并不仅仅是取悦人,在取悦人的基础上能感动人的作品才是传递了真正的正能量。像《Air》《Clannad》这样的文字冒险游戏,其游戏性并不是很强,它们之所以能成为"神作",关键在于它们触动了人心中最柔软的部分,能给人以感动。所以我们最后决定,要做一个感动人心、传播正能量的童话风游戏。为了游戏的长线发展,我们决定采取 DLC 收费模式。

2) 作品的背景

我们队员各有所长,利用大家的优势安排分工,使用 UDK 引擎制作游戏。

2. 需求分析

1) 概要

(1) 能不断更新的故事和物品包

我们的主题是"童话改编的游戏",每一个故事为一个关卡,故事中有若干章节。例如第一关是以"友情"为主题的《白雪皇后》,其中有三个章节。同理,第二关、第三关可以做成其他童话故事,如《灰姑娘》《快乐王子》等。就像一个个连载的故事一样,以游戏本身的剧情感动并治愈玩家。

物品包主要指的是玩家所穿的服装,也包括游戏中能使用的道具等。探索不同童话梦境的玩家会有一套基础服装,在游戏的过程中也会获得其他服装,在商城里也有一些特别订制收

费的服装,收集并欣赏自己的服装迎合了女性玩家的需求,同时也为游戏创造了经济效益。游戏中能使用的道具以趣味性为主,不会影响游戏平衡。

（2）游戏的剧情随着玩家的探索发展出不同结局

利用触发不同的事件和选择,故事的走向也会大相径庭。与传统的角色扮演类游戏一成不变的剧情相比,灵活多变的故事更有探索性,可玩性更高。

（3）社区交流和分享功能

玩家可以在游戏里分享游戏成就、剧情进度和外装收集等,在鼓励玩家探索游戏的同时,加强了玩家之间的交流,并且推广了游戏。

（4）较高的艺术性和观赏性

在游戏的画面、音乐、配音、过场动画分镜及剪辑中下功夫,给玩家以完美的视听体验,致力于让玩家身临其境,感受动画世界的魅力。

2）使用场景

（1）高年龄段（20~40 岁）

怀旧浪潮和童话本身的魅力将会吸引中青年玩家探索游戏。男性玩家探索剧情和战斗,女性玩家注重风景和服装（即风景党和外观党）。闲暇无事时,舒缓的游戏节奏和精美的游戏画面将会使他们放松。请静下心来,慢慢地体会我们给您准备的梦境吧。

（2）低年龄段（10~19 岁）

童话也是这个年龄段所喜爱的话题。日系插画风格的人设、以成长为内容的故事和童话般梦幻的风格,迎合了这个年龄的需求和喜好。同时,游戏本身是免费的,也正好符合了这个年龄段的经济状况。

3）竞争对手和竞争优势分析

（1）以童话故事为背景的 ARPG 游戏

优势：玩家代入感强,游戏体验流畅。

劣势：比起 ACT 游戏,打击和爽快感有所不足。

（2）不断更新的剧情 DLC 和道具 DLC

优势：有利于游戏的持续发展,也解决了游戏的商业模式问题。

劣势：没有明显鼓励玩家不断购买的机制。

（3）画面和音乐精良。

优势：能吸引注重游戏画面和音乐的高端玩家。

劣势：优秀的画面和音乐有时会夺走游戏本身对玩家的吸引力。

（4）社区交流和分享剧情进度以及道具获得。

优势：鼓励玩家不断探索游戏,同时推广了游戏。

劣势：分享的奖励机制不够完善。

3. 系统设计

1）实现系统所采用的技术方案和技术亮点

本游戏是基于 PC 端的可移植游戏,使用 Unreal Development Kit（UDK）引擎。利用

MUDBOX 进行数字雕刻,MAYA、3ds Max 软件进行场景设置、人物建模和动画设计。利用微软 nFridge 插件和 Unreal Script 语言编写和调试脚本。

游戏的战斗系统使用脚本自定义武器、人物和怪物及其 AI。

游戏交互和场景交替利用 kismet 控制。

2）系统构架以及系统架构图

系统由两部分组成:(1)交互系统;(2)战斗系统。图 1 所示即为系统架构图。

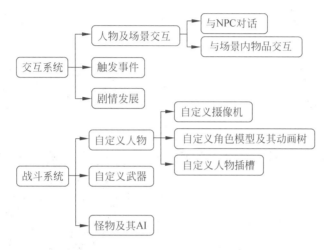

图 1　**Escape Dreamland 系统架构图**

3）系统主要功能模块及系统人机交互设计

系统有以下主要功能:

(1) 交互系统:景内交互;触发事件;剧情发展。

(2) 战斗系统:自定义人物包括自定义摄像机、自定义角色模型及其动画树和自定义人物插槽;自定义武器包括武器绑定、技能按键绑定和武器伤害判定;自定义怪物及其 AI 包括自定义怪物模型、怪物技能和怪物伤害判定。

系统 UI 如图 2、图 3 和图 4 所示。

图 2　游戏开始动画

图 3　游戏菜单

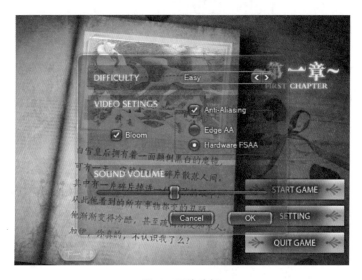

图 4　系统选择

4. 系统环境

(1) 系统软件环境：Microsoft Windows Vista SP2/XP SP3，Windows 7。

(2) 系统硬件环境：PC。

(3) 系统开发环境：Visual Studio 2013，UDK。

5. 未来发展方向

1) 技术发展方向

(1) 着力搭建网络平台，加强玩家之间的互动。

（2）进一步完善战斗系统和特效。

（3）增加多种玩法，优化用户界面。

2）市场发展策略

（1）将游戏免费发布，采取后续 DLC 收费模式。

（2）增加分享功能，并提供奖励机制，扩大游戏影响。

（3）与其他游戏公司或品牌合作，定制故事资料片，以提高知名度，谋取共同利益。

（4）与知名 CV 或画师合作，利用粉丝效应，提高游戏质量，同时推广游戏。

游戏开发项目 7　OCD Killer

团队名称：Parallel

刘馨予：华南理工大学，产品经理，设计师

景雨燕：武汉大学，设计师，软件工程师

王一冰：西安电子科技大学，软件工程师

何可钦：中国农业大学，软件工程师

1. 系统主题

1) 引言

强迫症(Obsessive-Compulsive Disorder)是一种常见的精神问题，具体表现为被入侵式的思维所困扰，在生活中反复出现强迫观念及行为，使患者感到不安，因此需要采取某种特定的行为舒缓此种压迫感受。患者往往了解自己的症状却无法摆脱强迫行为。近年来，随着强迫症这一话题逐步走进大众视野，各种强迫症行为开始得到更多关注，认为自己或周围的人有强迫症的人数也越来越多。但强迫症行为仅在某些特定的情境下才会受到激发，而对这些激发强迫症的情境尚未有人总结、归纳。而且，强迫症往往会扰乱当事人的生活节奏，甚至给当事人的心理造成较大的负面影响。但由于目前尚未有治疗方法，强迫症患者群体的无奈乃至焦躁情绪并不能得到有效缓解。这就需要有一种解决方案让强迫症患者能够更好地了解自己强迫行为的激发因素，并能够适时放松"被强迫"的心态。我们的作品 OCD Killer 就是为了这样的目标而进行设计和制作的。

2) 选题动机与目的

我们团队的两位设计师就有着不轻不重的强迫症：她们对设计稿中不符合专业审美标准与设计规范的细节非常敏感，而且对此完全不能容忍，坚决要求改掉，并且在改掉瑕疵之前会一直焦躁难受，非常煎熬。我们由此意识到为强迫症患者提供释放压抑情绪的空间将会给这一人群带来很大的帮助。而通过对除审美类型强迫症外的其他强迫症患者进行调查了解，我们发现在设计稿之外的日常情境中也存在着大量激发强迫行为与心态的不协调情境，尽管强迫症患者本人也未必能穷举这些激发因素。至此，我们迫切地希望广大强迫症患者能够通过解决游戏中提供的情境了解激发自己强迫行为的不协调因素，放松因强迫心态而辗转难耐的情绪，以平常心对待强迫症，与自己的强迫症共同生活。

3) 作品的背景

(1) 运营背景：我们团队拥有较为专业的设计与软件开发人员，有着一定的实现能力。

(2) 技术背景：我们的游戏对手机传感器、后台服务器等要求较低，适配多种屏幕分辨率，可以在绝大多数 Windows Phone 8 和 Windows Phone 8.1 手机上良好运行。

2. 需求分析

1）概要

（1）覆盖多类型的激发强迫症的情境

强迫症患者的症状多种多样,激发其强迫行为的情境与因素也不尽相同。游戏中提供的不协调情境必须覆盖审美设计类、日常细节类等多个类型,并且有一定的典型性与代表性、能引起大部分用户的共鸣,而且配合较多的情境数量,匹配用户多种多样的激发因素,从而让用户能够找出激发自己强迫行为的特定情境。

（2）符合大多数强迫症患者行为准则的过关条件

能够激发用户强迫行为的情境众多,但强迫症患者心中根深蒂固的行为准则往往有很大的共性。用户观念中对于激发其强迫行为的情境的"标准解法"大多有着"整齐"、"有规律"、"符合专业的审美标准"等典型特点。因此,要帮助用户缓解强迫心理引发的焦躁情绪,游戏关卡的过关条件就必须符合受到强迫症人群广泛认同的行为标准。

（3）合理的游戏难度

为满足用户过关成功缓解焦躁情绪的目的,整体难度不应过高。

（4）碎片化的游戏时间

为使用户在碎片化的空闲时间放松休闲、缓解焦虑,单次游戏时间不宜过长。因而游戏采用过关模式,且设计每一关的过关时间约在 15～30 秒。

（5）一定的玩家激励

为提升可玩性并激励用户逐步玩完整个游戏,引入逐关解锁与道具购买模式。

2）使用场景

（1）日常休闲娱乐

强迫症患者在空闲时间通过调整不协调的情境进行娱乐,设计人员在工作之余通过发现与改正不符合设计规范的细节来提升自身设计水平并获得乐趣。

（2）强迫心理极端焦躁时的缓解

强迫症患者在陷入生活中刺激强迫行为与强迫心态的情境不能自拔而感到极度焦虑时进行游戏,通过改正游戏关卡中的不协调情境获得心理安慰、舒缓焦躁情绪。

3）市场调查过程和结论

通过网络问卷,我们发现近半数受访者同意自己有强迫症,约三分之一受访者非常同意自己有强迫症,而认为自己没有强迫症的不足五分之一。通过问询与网络信息收集,我们得知强迫症患者主要分布于平面设计师、建筑设计师、学生、程序员、会计、医生、教师等职业。这一人群频繁使用手机与网络,其强迫症多由特定场景激发,而通过根据相对固定的行为准则对场景进行调整可以得到解决。另外,这一群体对自身的强迫症多感无奈甚至烦恼。

4）竞争对手和竞争优势分析

经过调查,目前未发现市场上有相似竞争产品。

3. 系统设计

1）实现系统所使用的技术方案和技术亮点

该游戏是基于 Windows Phone 8 并利用 Cocos2d-x V3.2 引擎开发的。利用 Cocos2d-x 这一成熟引擎及丰富而易用的 API 接口迅速简洁地完成代码编写，且 Cocos2d-x 良好的移植特性使得多平台能够容易被实现。

2）系统构架及系统架构图

系统由开始场景、过关场景等多种场景组成，如图 1 所示。

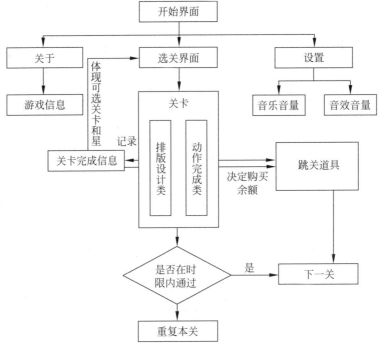

图 1　系统架构图

3）系统主要功能模块和主要界面

用户进入游戏关卡后找出场景中不协调的细节并通过触摸改正以完成关卡，如图 2、图 3、图 4 和图 5 所示。

4. 系统环境

（1）系统软件环境：Windows Phone 8，Windows Phone 8.1。

（2）系统硬件环境：Windows Phone 8 手机。

（3）系统开发环境：Visual Studio 2012。

图 2   开始界面

图 3   关卡场景 1

图 4   关卡场景 2

图 5　过关画面

5. 未来发展方向

1）技术发展方向

利用多种普遍存在于大多数智能手机的传感器完成关卡,丰富交互方式。

2）市场发展策略

通过社交圈求助过关,增强传播;通过购买游戏货币完善商业模式。

游戏开发项目 8　TRAP

团队名称：PuzzleWave

郭嘉豪：华南农业大学，全栈工程师

1. 系统主题

1）引言

主人公"菲利克斯"是一架承载着"她的希望"的宇宙飞船的控制者。在一次冲击事故中"菲利克斯"丢失了所有的航行数据——他的使命、她的希望等。于是所有一切都变成了"迷"。"菲利克斯"拥有扭曲时空的能力，这能产生两种不同性质的力场或延缓时间的流逝速度。引力场能吸引周围的物质，斥力场能排斥周围的物质；而延缓时间的能力则可以让玩家完成某些高难度的动作。玩家需要借助"菲利克斯"的这两种能力，利用场景中各种不同性质的物体来破解关卡谜题，根据游戏中的两条剧情线索重组出故事的完整顺序，还原背后的故事。

2）选题动机与目的

一款游戏能够融合许多其他的艺术：文字、音乐、美术、电影等，又有它们所不具备的交互特性。所以我一直觉得，游戏才是真正的终极艺术。然而在现在的环境下，特别是国内，更多人只是把游戏当成一种纯粹的娱乐方式，它让人上瘾，害人不浅。但我认为，一款游戏应该去表达一些东西——思想或感情。这也是我参赛的理由：让更多人关注到游戏的艺术表现力。

2. 需求分析

1）概要

TRAP 主要是以剧情作推进力，因此在游戏中没有"失败"的概念。游戏的剧情灵感来源于《星际穿越》《深空失忆》等，叙事方式的灵感则来源于《记忆碎片》。游戏中有两条剧情线索，一条倒叙一条正叙，叙事风格各有特点，两者互相暗示。玩家能否在这样的线索中推理出真正的故事呢？在玩法上，玩家通过控制飞船产生的引力或斥力场来操控场景中各种不同性质的物质；通过延缓时间的流速来完成某些高难度的动作。玩家需要借助这两个能力来破解游戏中精心设计的谜题。

2）竞争对手和竞争优势分析

TRAP 的玩法和剧情都属于原创，目前在市场上没有找到一款类似的作品（也没听说过有类似的作品）。从这一点上说，这款游戏就具有足够的竞争优势。从解谜这个游戏类别上来说，TRAP 的玩法、美术风格等也是独树一帜。当然，我们仍然希望以动人的剧情和巧妙的关卡来吸引玩家，而不希望游戏过度商业化。"好玩"和"能赚钱"两者其实是矛盾的，但在这两者之间可以寻找到一个平衡点。就像导演诺兰的电影一样，处于艺术和商业之间的一个平衡点。

3. 系统设计

1）技术方案和技术亮点

TRAP 用 Unity 3D 引擎开发，Visual Studio 2013 做开发环境。

运用一套简单的算法来实现游戏中所有物体的力场交互。

多首背景音乐智能切换，玩家不会感到音乐的单调。

美术上采用剪影风格，剪影背景使用 PS 液化手绘，经过多次调整对齐每一张绘制好的背景片段后，在游戏中适当位置放置所有背景片段来拼成一个大场景。随机摆放多张 2D 星空图，让它们以不同速度相对于游戏主角而运动，使场景看上去有一定的深度感，实现简单的 3D 视效。光影效果、粒子系统用于渲染气氛，展示宇宙的浩瀚与华丽。

2）主要功能模块

（1）玩家操作模块

玩家可以用鼠标、键盘或游戏手柄来操作游戏，用鼠标或手柄摇杆来控制飞船的运动，键盘或手柄按键来控制引力或斥力场。

（2）力场和时间模块

如图 1、图 2 和图 3 所示，飞船产生引力或斥力场来对周围物质产生吸引力或排斥力，引力或斥力的大小也可随玩家按住按钮的时间长短来调节，但也不是所有的物质都能受到力场的影响。延缓时间则指减慢游戏的时间流速，从而可以完成某些高难度的动作。

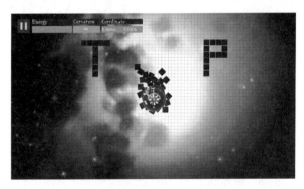

图 1　引力场能吸引周围的物质

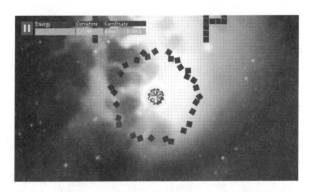

图 2　斥力场对周围物质产生排斥力

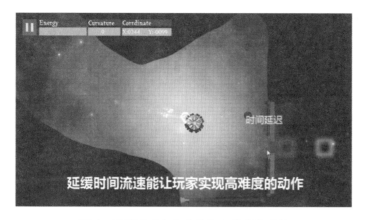

图 3 延缓时间来实现某些高难度的动作

(3)"角色"属性模块

如图 4、图 5 和图 6 所示,游戏中的许多物体都具有一定的"角色"属性,在大多数可以破坏的物体上就体现为生命值或耐久度,在射线上就体现为一定的攻击力,等等。具有攻击力的物体具有多种攻击方式:物理碰撞、直接接触等。可被攻击的物体也包含多种接受伤害的方式:物体碰撞、指定方向物理碰撞等。

图 4 撞击可造成伤害

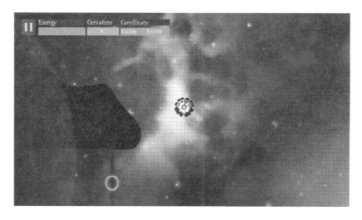

图 5 接触射线会受到伤害

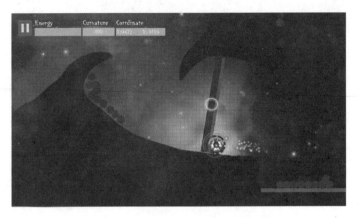

图 6　只有在非绿色一侧才能破坏障碍物

4．系统环境

（1）系统软件环境：Windows 平台。

（2）系统开发环境：Visual Studio 2013 和 Unity 3D。

5．未来发展方向

TRAP 是我真正意义上的第一款比较完善的作品，能取到这样的成绩我已经很满足了。TRAP 目前还有许多的不足，在学习之余我会慢慢优化改进它，做出移动版本，然后发布游戏。但比起在目前就将 TRAP 迫切地商业化，我还是更想学习新的知识、自我提升，所以TRAP 的商业化只是顺其自然。

两年之后我就要大四毕业离开学校，我希望在这两年间创建一个有特色的独立游戏团队，如果团队能够发展起来，那么在毕业后我可能会选择加入某个公司旗下做游戏开发，或者是选择我更倾向的创业。我希望能够改变中国游戏粗制滥造、缺乏创新的环境，虽然听上去很大很空洞，但那确实是一直支撑我走到现在的信念。

目前来说，最大的压力是来自于学业上的压力。我会在学习之余写一个关于团队未来的建设还有项目的后续开发工作的详细规划，然后再按照规划一步一步走下去。

在这样一个快节奏和模式化的时代，我仍然相信只有具备"十年磨一剑"精神的人才能获得成功。

游戏开发项目 9　Light In The Maze

团队名称：rdccpp10

林峻弘：广东工业大学，架构及游戏开发

陈仲予：广东工业大学，设计及美术

叶鼎：广东工业大学，游戏策划及文案

钟元：广东工业大学，地图及 UI 开发

1. 系统主题

1）引言

电子游戏在 20 世纪 70 年代开始以一种商业娱乐的形式被引入，至今已经成为世界上最暴利的娱乐产业之一。电子游戏发展至今，在 PC 上的游戏产业已经相对成熟，拥有许多竞争力强、非常精良的游戏。

随着移动平台的兴起，移动端的游戏也在涌现出大量优秀的作品，移动端的游戏因为硬件的原因通常不以精美画面取胜，但是却在别的方面吸引着玩家，例如可玩性、交互性、艺术感等。我们没有能力制作非常精良的游戏，但是希望能做出即使只拥有一点点闪光点的东西，能吸引玩家并且为他们带来快乐，也足够了。这次项目开发的软件预期是部署在移动端上的游戏，但由于技术和硬件的限制，现在只完成了 PC 桌面端的部署。

2）选题动机与目的

现在市场上流行的众多商业游戏往往会带有浓烈的金钱气息，常常会以破坏游戏的公平性而诱使玩家消耗大量的金钱，或者利用玩家心理使其沉迷其中，甚至有可能因为吸引玩家而加入各种各样的暴力、色情等元素。

这种现象虽然在某种程度上可能会吸引更多的玩家参与到游戏当中，但是该游戏过程却丢失了游戏中最原始的灵魂，终归无法成为经典。

游戏实际上是一种艺术，它应该给玩家带来一种艺术的体验。虽然我们不知道艺术的标准应该如何界定，但是仍希望根据内心的想法尽可能地去尝试实现，先破而后立，虽然我们离"立"的目标还很遥远，但我们会在路上。我们团队认为，一款好的游戏不仅要有吸引力，而且应该在让人们放松的同时带入更多的正能量，融入更多的文化元素、人文元素。

3）作品的背景

我们从海伦·凯勒的《假如给我三天光明》中得到了灵感，以"如果世界失去了光明"作为设计理念，设计了一个黑暗的世界。在这个黑暗的世界中，玩家控制一枚小光球，以仅有的视觉范围去探索整个黑暗的未知世界。如图 1 所示，在这个世界中，有各种未知的机关，还有可怕的黑暗物质。与黑暗物质接触时,会吞噬掉小光球仅有的亮度。当小光球被吞噬殆尽之后,就意味着游戏结束。玩家需要控制小光球探索整个地图,寻找那些隐隐发光的光之碎片,把它们搜集起来,搜集到足够数量的碎片后,就可以点亮迷宫终点熄灭的灯塔,使得整个地图为之照亮并通关。

图 1　失去光明前的世界

游戏中淡化了生与死的界限,使得玩家不会因为小小的失误而轻易挂掉,但过多的失误也会加大探索的难度,同时也减小了被黑暗物质追踪的几率,如何权衡,靠玩家去尝试。

游戏中也融入了物质守恒的理念,玩家(光)与黑暗物质(暗)本身是对立的关系,接触时会彼此相消融,虽然看起来是坏处,但是玩家有时也可以利用这个特点来通过一些特定的通道。

2. 需求分析

1)概要

Light In The Maze 是一款基于 Cocos2d-x 引擎开发的休闲益智类游戏。这个游戏的主题为:探索解密。游戏中营造了一种黑暗、神秘的场景,引导玩家操控一枚小光球,利用仅有的视觉去探索整个世界。世界里会有随机巡逻的黑暗物质,如果没能很快地反应并逃过黑暗物质的追捕,那么玩家可能将会被黑暗物质吞噬。当然,游戏中还有各种各样的未知事物和未知机关等待着玩家们来探索发现。

2)使用场景

(1)休息时间

经过长时间上班、上课后在课余的 5 分钟或者在宿舍、在家中都可以打开游戏进行娱乐减压。

(2)候车时间

在地铁或者公交上打发时间时也可以进行游戏。

3)竞争对手和竞争优势分析

(1)成熟的大型游戏

优势:操作简单,容易上手。

劣势:画面精美度不够,剧情不够丰富。

(2)普通单机游戏

优势:有独立的游戏理念。

劣势:操作较为单一,内容比较单调。

3. 系统设计

1）实现游戏所使用的技术方案和亮点

（1）如图 2 所示，地图模块独立在外，本游戏使用 2D 的俯视视角地图，使用 Tiled 构建地图和各种附加人物机关等信息，可以很简单地根据自定义协议修改、新建迷宫地图。也可以很方便地重新组合原有设计的机关，方便二次开发。

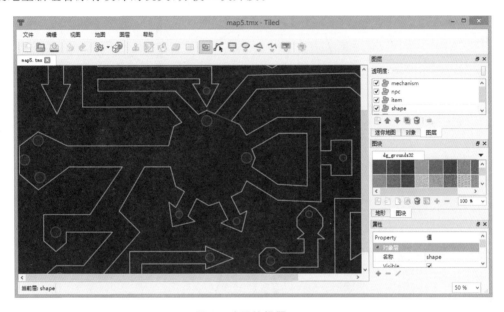

图 2　地图编辑器 Tiled

（2）采用 Cocos2d-x 引擎，简易地实现了跨平台的开发，可以轻松地部署到不同的操作平台。

（3）如图 3 所示实现了 2D 的 shadow 处理算法，精美地还原了现实物理场景中光的遮挡和散射现象，拥有较好的视觉效果。

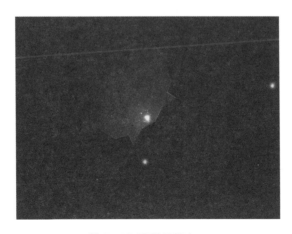

图 3　2D 阴影示例之一

2）游戏架构图

游戏架构图如图 4 所示。

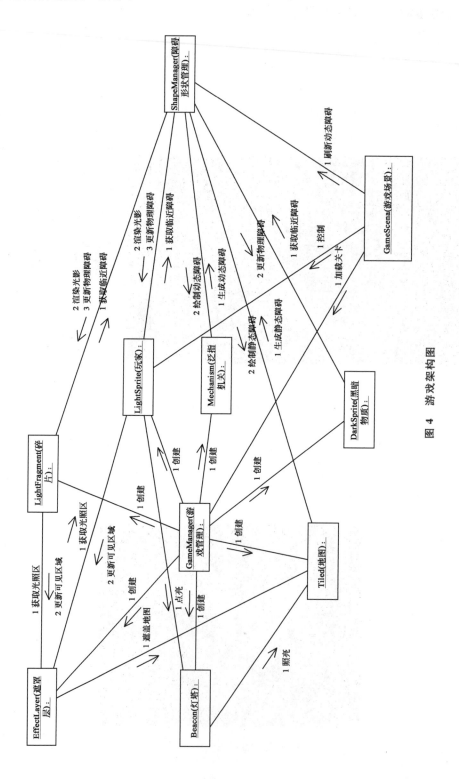

图 4　游戏架构图

3）游戏交互模块

如图 5 所示，使用了键盘控制和虚拟摇杆设计，让搭配了触摸模块的设备都可以轻易地控制游戏角色。

图 5　虚拟摇杆示例

4）游戏道具模块

如图 6 所示，使用图鉴的形式展现光之碎片的搜集情况，未搜集时为灰暗状态，已搜集时将为发亮状态。

图 6　图鉴展示

4. 系统环境

（1）系统软件环境：Windows 7，Windows 8 或 Windows 8.1。
（2）系统硬件环境：PC 或 Windows 8.1 平板电脑。
（3）系统开发环境：Visual Studio 2012，Cocos2d-x 3.2 和 Tiled。

5. 未来发展方向

1）游戏完善方向

我们将继续探索更科学的玩法和关卡设计，优化程序渲染效率，完善美术和音乐上的缺陷。尽快移植到移动平台，争取给玩家带来更好的体验效果。

2）市场发展策略

在各大系统平台发布版本，并发动身边力量进行推广。

游戏开发项目 10　Six-dimensional Space

团队名称：Somnam Master

田奕焰：厦门大学嘉庚学院,软件工程师

朱仪轩：厦门大学嘉庚学院,游戏策划师

方淇：中国计量学院,文译及运营管理

洪雅璇：厦门大学嘉庚学院,美术设计师

郭一晶：厦门大学嘉庚学院,指导老师

1. 系统主题

1）引言

当下游戏市场,充斥着大量换皮游戏,塔防、卡牌、三消等游戏的泛滥,早已让玩家麻木。我们致力于开发一款有趣的游戏,具有不一样的玩法,让玩家获得更新鲜的体验。

2）选题动机与目的

在这之前,我们有一些游戏设计经验,深刻体会到一个优秀关卡设计的困难。所以,我们致力于设计一款关卡简单却不失游戏性的游戏。我们希望每一个关卡都能带给玩家惊喜。而最适合的则是益智类游戏。

恰巧当下的空间解密类游戏盛行。《纪念碑谷》《FEZ》《无限回廊》等作品都为我们提供了重要的设计灵感。而该类游戏相对其他类型数量较少。我们希望玩家在游戏时,能有耳目一新的感觉,而不会因为与其他作品相似而感到失望。

3）游戏的背景

在设计游戏时,我们褪去华丽的包装、累赘的剧情,回归到游戏的核心——游戏性。

这是一个不谈剧情的游戏。独特的人物设计给玩家更大的想象空间,主角可能是一位小丑,也可能是一位魔术师,一切剧情来自于玩家的想象。

"一个看似简单的关卡,却具备一定的难度",这便是游戏的特点。

2. 需求分析

1）概要

该游戏的核心在于魔方结构,魔方结构运用二维与三维空间,用 2D 的手法去探索 3D 世界,能够真正达到我们所预期的效果,保证运用空间带来的震撼,又让玩家有迹可循,如图 1所示。

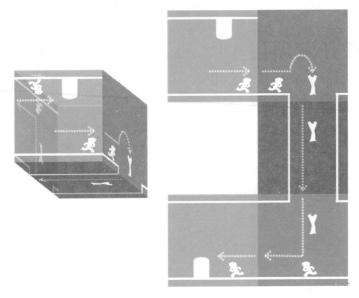

图 1　魔方结构

2）市场调查过程和结论

根据中国移动和游戏平台发布的 2014 年 9 月数据报告,休闲益智类游戏不论是安装数量还是收入占比都能占据一席之地,甚至付费转换率也相对于其他类型的 8％～9％高出不少。

3）竞争对手和竞争优势分析

编辑模式实际是众包模式的运用,能为我们带来大量充满新意的关卡,并且会培养出众多忠实的用户群体。崭新的游戏方式、清新的风格、轻松的游戏环境都能更好地讨玩家的喜爱。

而游戏类型的受众面小,是游戏的劣势。

3. 系统设计

1）实现系统所采用的技术方案和技术亮点

游戏使用跨平台开源游戏引擎 Cocos2d-x 开发,具备跨平台能力。

游戏分享功能使用"友盟"社会化分享组件,支持多个社交平台的分享。

因"友盟"提供的"社会化分享 SDK For Cocos2d-x"未支持 Windows Phone 平台,所以我们使用 SDK For Windows Phone,通过 WinRT 使得 Cocos2d-x 主逻辑与 SDK 进行交互,将设备唯一识别码送至主逻辑以作为玩家的识别码。

游戏同时存在 2D、3D 逻辑,游戏的整体使用 2D 逻辑,以期降低逻辑难度。

因游戏涉及 3D 逻辑,无法通过简单使用 Cocos2d-x 提供的两套物理引擎（Chipmunk、Box2d）达到预期效果,所以我们在模拟物理属性的同时使用矩阵变换,将物理逻辑拓展至 3D。

2）系统架构以及软件结构图

系统架构以及软件结构图如图 2 及图 3 所示。

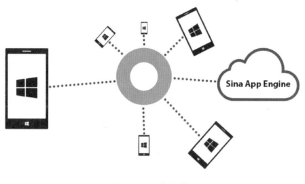

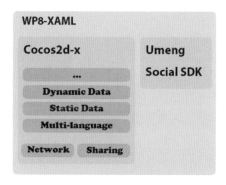

图 2　系统架构　　　　　　　　　图 3　软件结构

3）系统主要功能模块以及主要功能描述

（1）编辑模块

编辑模块提供自定义关卡功能，动态加载游戏元素及主题，玩家可以选择主题与元素在画板上进行放置，同时检索关卡错误并提醒玩家。在制作结束后将编码成关卡文件放置于自定义关卡下。

（2）网络模块

网络模块负责客户端与服务器交互。该模块基于 Cocos2d-x 集成的开源网络工具 curl，玩家可以通过关卡识别码获取他人分享的关卡。另外，玩家在分享自定义关卡时，将通过该模块发送一份关卡附件至服务器，并生成关卡唯一识别码。

（3）分享模块

分享模块跨主逻辑层与 wp8-xaml 外层，内层依赖网络模块，外层依赖“友盟”的“社会化分享组件”。

（4）静态数据处理模块

静态数据处理模块负责处理游戏配置并读取游戏配置，包括主题个数、元素个数、人物属性以及个别核心动画的播放速度等，也包括解密、解码游戏配置。

（5）动态数据处理模块

动态数据处理模块负责处理游戏存档，对存档进行加密、解密以及编码、解码。

（6）国际化模块

国际化模块为游戏提供多语言支持，并允许随时切换语言。

4）系统人机交互设计和主要界面

游戏中，我们致力于干净清新的画风，带给玩家舒适的感觉。

如图 4、图 5、图 6 和图 7 所示，在 UI 方面，我们致力于“有趣的交互”，按钮按下的动作、音效都带给玩家强烈的回馈感。

图 4　开始场景

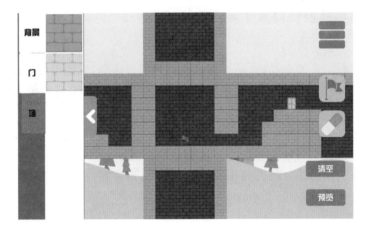

图 5　自定义关卡

图 6　游戏场景

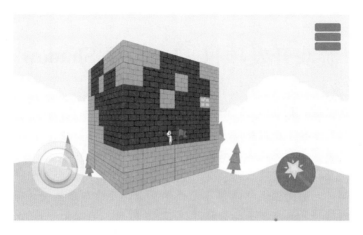

图 7　预览分析

4. 系统环境

（1）系统软件环境：客户端适用于 Windows Phone 8.0 操作系统；服务器适用于 Sina App Engine。

（2）系统硬件环境：Windows Phone 8 操作系统的手机。

（3）系统开发环境：游戏引擎为 Cocos2d-x V3.2；集成开发环境为 Microsoft Visual Studio 2013 Community；服务器为 PHP、MySQL。

5. 未来发展方向

1）技术发展方向

我们将陆续完成 Android、iOS 版本的制作，构成 Windows Phone、iOS、Android 三大操作系统共同运行的游戏生态圈。接下来将会加入游戏商店以及游戏币的功能。届时，玩家制作完关卡之后，将可以选择分享到社交平台或上传到游戏内置商店中，商店将会采取更严格的审核规则，并且整合所有关卡。

2）市场发展策略

在 2014 年统计的"付费玩家"数据中，鲸鱼玩家仅占 4%，而小鱼付费用户则高达 74%。由此我们制定了三步计划，以期待小鱼付费玩家能带来惊喜。

（1）第一阶段致力于推广游戏。我们选择使用完全免费的策略，进一步加强分享效果，扩大用户群。

（2）第二阶段在推广策略达到预期目标时，加入金币系统，提供玩家之间的微交易平台。玩家不但可以通过金币在商店交易关卡等产品，还可以通过游戏内购获取金币。

（3）第三阶段将游戏发布至 Android、iOS，让更多的玩家参与进来，进一步提升用户群，营造一个跨平台游戏圈。

游戏开发项目 11　Lost Shadow

团队名称：T. H. I. E. F
陈旭：上海交通大学软件学院，项目经理
魏智勇：上海交通大学软件学院，软件工程师
韦子涵：上海交通大学媒体与设计学院，2D 美术与交互设计师
黄瑾：上海交通大学媒体与设计学院，3D 场景与动画设计师
肖双九：上海交通大学软件学院，指导教师

1. 系统主题

1）引言

都市的生活节奏不断加快，人们每天都活在忙碌当中，渐渐遗忘了许多生活中的美好，等到回头时那些美好却已经不在了。Lost Shadow 想在游戏中向人们传达一种珍惜当下的理念。它是一款新颖的 3D 解谜游戏，将三维空间投影到二维平面，创造影子路径的新玩法。本游戏已在应用商店上线，被 BetaNews 等多家网站推荐为周最佳应用。

2）选题动机与目的

本作品灵感来自于插画师 Jason Ratliff 的一组作品（图 1）：假如许多年后，我再次回头不经意地看着我的背影，是否还是那个陪伴我行走的年轻的影子？

由此受到启发，我们团队设计了一款名为 Lost Shadow（失落之影）的游戏，剧情讲述了世界上所有人的影子都被夺走了，失去影子的人会在阳光下消亡，只能在阴影下行走。主人公 Ray 决心要找回自己的影子，便踏上了在废弃城市中的冒险旅程。

Ray 通过控制建筑、物品和光线角度营造不同的影子，然后连成路径前进，途中会路过废弃的游乐场、教堂、工厂等场所，会遇到重重挑战，也会遇到帮助他的朋友，在漫长的路途中 Ray 从健壮的青年变成了步履

图 1　灵感来源

蹒跚的老翁，最终 Ray 是否能找到他年轻的影子呢？在路途的终点又会有什么在等待着他呢？我们期待玩家和 Ray 一起去探寻。

3）作品的背景

游戏背景故事讲述了人们的影子被神夺走了，此后人们只能生活在阴影中。而主人公

Ray 不同于浑浑噩噩的众人,他渴望重新沐浴在阳光下,因此他勇敢地踏上了寻影之路。玩家的任务便是通过移动各种物体、触发机关来为 Ray 创造影子路径,帮助他找回影子。

2. 需求分析

1）概要

本游戏具有的特点有:影子构造路径的新颖玩法;立体光影的视觉感;三维想象的益智作用;时间哲学的故事剧情。

2）使用场景

本作品的目标用户群体为以学生为代表的青年群体和以职场白领为代表的中年群体。

青年群体特点有:有活力;喜爱新鲜事物;对新事物接受速度快。本作品以新颖的影子路径玩法来打造游戏模式,以动人的故事情节铺开游戏剧情,很适合青年群体的口味。

中年群体特点有:在社会中打拼了一些年,体会到了种种滋味,对生活有了一些反思。本游戏蕴含着追逐时间等许多哲学元素,符合他们的喜好。另外本游戏操作上手容易,玩法独特,适合职场休闲期间把玩。

3）娱乐性分析

本游戏将从剧情、玩法、视觉三个角度来吸引玩家的眼球。

剧情取材独特、感人:本游戏围绕着影子这个与人们时刻相伴却又时常被遗忘的物体作为关键词铺展整个剧情,故事描绘了一个影子被夺走而只能生活在阴影面世界的主人公 Ray 想要找回影子的探险过程。Ray 在寻找的过程中将收集点滴回忆,而每一个回忆都将为最后的 happy ending 铺垫基石。他会遇到重重挑战也会遇到帮助他的朋友,在漫长的路途中 Ray 从健壮的青年变成了步履蹒跚的老翁,最终 Ray 是否能找到他年轻的影子呢?有待玩家和 Ray 一起去探寻。而 Ray 的故事其实反映了每一个在生活中追逐梦想却遗忘了身后"背影"的人,该剧情还蕴含深层的哲学意义来引发玩家深思。

玩法新颖、另辟蹊径:许多常规游戏的玩法都是直接式的,而本游戏另辟蹊径地采用间接模式,即通过移动道具创造地面影子来构建不同路径的创新玩法。玩家面对的不再是一条直接的路,而是由身边的各种物体经过光照投射得到的影子构成的,玩家无法走到光亮处,必须在影子路径中前进。因此玩家需要以空间投影的间接思维模式来移动物体为自己铺设一条通往下一关的道路。

视觉立体感强、画风应景:游戏利用了光影投射的立体概念,将玩家置身于一个贴近现实的废弃城市中,视觉元素为 3D 表现形式,加上移动、旋转物体造成的光影变化,使得整个场景画面极具空间立体感。

3. 系统设计

1）技术方案和技术架构

本游戏选用 Unity 3D 游戏引擎作为基础技术平台,主要采用 CES(组件-实体-系统)架构,系统开发环境为 Visual Studio 2013,系统运行环境为 Windows 8.1,将同时发布 Windows Phone 8.1 版本,兼容 Windows 平板电脑、PC 和 Windows Phone 手机三个硬件平台。

2）系统主要功能模块以及主要功能描述

本系统拥有如下功能:

（1）角色操控:玩家可以操控游戏中的角色,以鼠标单击或触屏单击地面的方式移动玩家,避免了摇杆球等占据屏幕空间的操纵模式的使用(方便小屏手机玩家游戏)。

（2）道具操控:在场景中会有许多直接触摸式和触发式的道具。直接触摸式是玩家可以通过鼠标拖曳或触屏滑动来操控物体(如可以移动或旋转的箱子)。触发式的道具是玩家通过对角色的移动操控来控制场景中的物体(如踩踏式按钮)。

（3）影子和道具触控同步:玩家改变可操纵道具时,由于场景的变化,场景的影子将根据光源方向和当前建筑设施的摆放位置进行相应变化,保证玩家视觉上的同步。

（4）影子和光源变化同步:部分场景玩家可以操控光源方向,在操控时场景的影子将根据光源的方向进行相应变化。

（5）故事背景和教程:玩家进入游戏时有相应的动画和文字介绍游戏剧情背景,相应的教程可以让玩家快速熟悉游戏玩法与操作。

（6）关卡选择和场景切换:玩家可以以顺序式的体验模式进行游戏,也可以在关卡界面选取相应关卡来切换场景。

3）系统人机交互设计和主要界面

游戏通过调用磁力计,让玩家可以旋转神秘罗盘进行选关,和故事中的英雄 Ray 一起历险,如图 2、图 3、图 4、图 5 和图 6 所示。

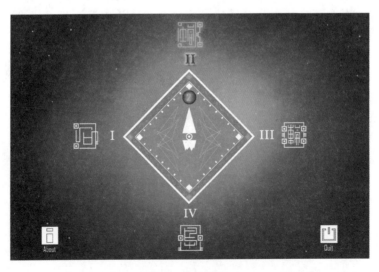

图 2 关卡选择

图 3　关卡 1——巨石迷阵

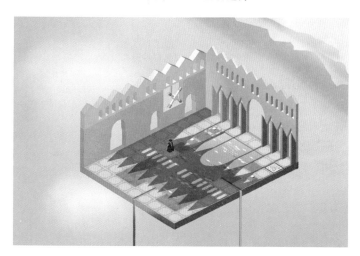

图 4　关卡 2——荷塘宫苑

图 5　关卡 3——星空塔桥

图 6　关卡 4——极寒冰岛

4. 系统环境

(1) 系统软件环境：Windows 8.1 或 Windows 8。

(2) 系统硬件环境：Surface 等平板电脑或者普通 PC 机(X86 架构)。

(3) 系统开发环境：Unity 3D，Visual Studio 2013。

5. 未来发展方向

1) 技术发展方向

本游戏将进一步扩展关卡数量，将故事延续下去，开启《浮生若梦》等新篇章。对资源占用进行优化，从而登录移动平台。

2) 市场发展策略

本游戏前期为免费体验，随后不断更新最新关卡，积攒一定用户量后，逐步收取少量费用。同时引入部分广告营销，进行流量互导，针对部分新场景引入付费道具等模式。

6. 团队组成、介绍和分工

陈旭：负责项目管理和游戏逻辑开发，包含游戏场景构建和道具逻辑方面的开发。

魏智勇：负责游戏交互开发，包含角色控制、光影计算等方面的开发。

韦子涵：负责剧情及美术设计，包含游戏剧情策划、美术风格设计和场景贴图绘制。

黄瑾：负责 3D 建模动画，包含人物、道具、建筑等的建模及剧情动画制作。

游戏开发项目 12　Universe

团队名称：U4K

刘期洪：中南民族大学，项目负责人

陈明通：中南民族大学，系统架构师

周煜：中南民族大学，系统分析师

李文彬：中南民族大学，需求分析师

1. 系统主题

1）引言

随着计算机科学技术的发展，高端领域的研究加速前进，人们对高娱乐性生活的追求不断提高，不再满足于机械性控制的游戏。近年来，游戏的形式越来越丰富，作为其中之一的体感游戏逐渐受到人们的关注。体感游戏的出现颠覆了游戏单调的操作，使得人机互动的模式展现得更完美。微软推出的 Xbox360 体感外设 Kinect，已经在家用机上取得巨大成功。玩家在玩游戏时不再需要外部控制器的支持，Kinect 可以依靠摄像头捕捉玩家在三维空间的运动，这大大简化了游戏的操作。如今在游戏开发领域，Unity 3D 这款游戏引擎备受游戏开发者的喜欢，能够快速开发一款游戏，并且具有跨平台发布功能。自带的粒子效果以及物理等组件能够使开发者快速开发出一款具有影响力的作品。Unity 3D 不仅可以应用在游戏开发中，在虚拟现实领域表现也尤为突出。

2）选题动机与目的

随着游戏开发的发展，游戏产品的创新已经成为游戏开发者们必走之路，而结合高新技术的游戏也在逐渐出现，该作品 Universe 就是为了适应新的潮流，在 Unity 3D 游戏引擎上与 Kinect 相结合，实现一款体感游戏。

选题构想：这是为了开发一款不一样的游戏，网上已经出现了很多模拟宇宙的软件，假若能将这样的产品以游戏的形式开发出来是否会更受欢迎。以 Universe 命名此项目就是想展现游戏的宇宙视角。

而对于游戏的场景，纵观国内外，以宇宙为背景的游戏并不多，现有的也只是一些虚拟现实的展示，并没有太大的可玩性。此项目就是以此为创新点，以宇宙为游戏场景，开发一款宇宙题材的游戏。

同时该项目也可以使开发成员进一步了解 Unity 引擎结合 Kinect 开发游戏的过程，掌握新兴的体感技术。

3）作品的背景

（1）社会背景

随着计算机科学技术的发展,高端领域的研究加速前进,人们对高娱乐性生活的追求不断提高,不再满足于机械性控制的游戏。近年来,游戏的形式越来越丰富,作为其中之一的体感游戏逐渐受到人们的关注。体感游戏的出现颠覆了游戏单调的操作,使得人机互动的模式展现得更完美。微软推出的 Xbox360 体感外设 Kinect 已经在家用机上取得巨大成功。

目前,在国内外使用 Unity 3D 进行游戏开发的人员很多,运用 Kinect 结合 Unity 3D 开发游戏的潮流也在逐渐兴起,虽然体感游戏的开发还没有十分成熟,但体感游戏也即将成为未来游戏的主流。在现阶段,体感游戏让我们看到了巨大的机遇与挑战,作为开发者,就应该开发有创意、有新思想和新潮流的产品。

（2）开发团队背景

团队成员都来自中南民族大学计算机科学学院的新思路团队,该团队为我们提供了必要的硬件设施。

2. 需求分析

1）概要

（1）游戏的可玩性

游戏具有玩家的基本信息,玩家可以在游戏中创建星球、获取资源、获取经验值、升级等。游戏数据是游戏的关键,编写逻辑的时候需要处理大量的数据,以便游戏能按照逻辑正常运行,其中包括宇宙星球的相关数据、玩家的资源数据、财富值、经验值等。

（2）场景可视性

Universe 主要是一个以创造星球为主题的体感游戏,游戏需要真实模拟宇宙星系分布以及星球的运动轨迹,这需要开发者具有一定的物理知识,能够合理布置星空的场景。同时需要一个非常绚丽的宇宙场景,而场景模型需要借助 3D MAX 来实现。游戏展现的是宇宙的世界,需要给玩家可视的视角,场景的展现使用 Unity 3D 自带的天空盒来实现。

（3）控制性

与体感技术相互结合提高了游戏的可操控性,Kinect 是一款出自于微软公司的 3D 体感摄影机,能够捕捉到人的骨骼点,将该技术与 Unity 3D 结合,通过手势的识别来实现游戏的操控。

2）使用场景

（1）设备支持

Universe 可以在配备 Kinect 设备的电脑上使用。

（2）适合场景

该游戏适合的场景有需要体验体感操作时、体验新的游戏以及娱乐时、当玩家想要了解宇宙知识时和想了解 Unity 3D for Kinect 时。

3）竞争对手和竞争优势分析

（1）项目选用宇宙为游戏背景

优势：具有可扩展性，场景宏大。

劣势：很难全面展现宇宙宏大的场景。

（2）游戏操作结合了体感

优势：新的操作体验。

劣势：精度不是很高。

3. 系统设计

1）3D 建模

如图 1 所示，3D 建模主要是要了解宇宙星球的具体半径、体积、表面颜色等数值，以便完整地模拟出星球，同时要求画出逼真的纹理和贴图，通过 3D 建模工具实现星球运动的动画。

图 1　场景建模设计

2）游戏引擎使用

游戏引擎技术路线主要涉及游戏的前期策划、后期制作等。游戏策划涉及的内容也十分丰富，游戏策划作为游戏创意的提出者，需要对游戏创意进行丰富与加工，使得一个好的创意能够成为现实，这是需要漫长的过程来实现的。

3）游戏逻辑实现

如图 2 所示，此路线就是本项目的核心技术路线，它是游戏正常运行的关键，在此技术路线上需要实现游戏中大量的数据计算，包括星球的相关数据和玩家的相关数据，通过脚本编写实现数据的保存与计算，同时将数据抽象化为场景中的实例物体。

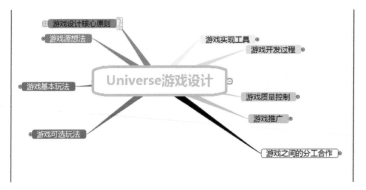

图 2　游戏逻辑设计

4）Kinect 数据提取与处理

对 Kinect 获取的相关数据进行处理和分析构建,如图 3 所示,形成相应的人体动作,并对游戏场景中的星球进行控制。

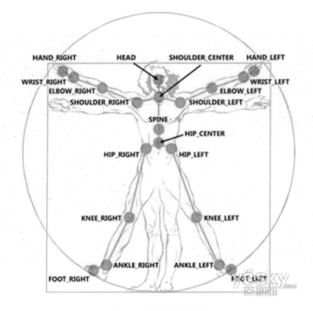

图 3　骨骼数据获取

4. 系统环境

（1）系统软件环境：Windows 7,Windows 8,Windows 8.1。
（2）系统硬件环境：Kinect 设备,Kinect SDK 1.7。
（3）开发环境：Visual Studio 2013,Unity 3D。

5. 未来发展方向

不断提高游戏的体感操作性以及 Kinect 对人的手势识别度。尽量编写服务器,向网络游戏发展,扩大游戏交流性。

第二篇

最 佳 创 新

最佳创新评分标准：

- 概念性(15%)：项目是否有清晰的市场和用户？项目是否清晰地阐述了需求、问题和商业机会？项目目标和基本功能是否容易理解？
- 创新性(50%)：项目是否创造了一种新的产品或服务？现有市场是否有类似的产品或服务？参赛项目是否超越了现有产品和服务？项目是否具有创新性和突破性？项目是否包括用户体验的创新？项目是否有技术设计的创新？
- 可行性(20%)：解决方案是否容易使用？用户交互和视觉设计是否专业？解决方案性能如何？对输入数据的响应如何？解决方案是否选用了合适的平台，主要功能点是否合适？
- 可用性(15%)：商业模式是否有可实施的计划？是否有外部市场调查、焦点小组测试和beta测试？如何使用团队计划在市场竞争中获胜？

最佳创新项目 1　Phantom Photo

团队名称：Black Code

卞信彬：天津工业大学，全栈工程师

1. 系统主题

1) 引言

使用 Phantom Photo 可以将两张照片合成到一起，通过一些简单的调节达到虚幻的效果，可以拍摄双重曝光照片，也可将合成的照片设计成胶片电影和拍立得的效果。

2) 选题动机与目的

要制作或拍摄出双重曝光效果的照片非常简单，不需要专业的相机、专业的摄影或图像处理技巧，一切交给 Phantom Photo!

3) 作品的背景

在开发 Phantom Photo 之前，我已经开发过多款照片类应用，对图形图像的处理有一定的研究，并且我爱好拍照，经常玩转手机里的照片类应用。Phantom Photo 是汇集了几款照片类应用的精髓并融入最好的创意后开发出来的。

2. 需求分析

1) 概要

具有双重曝光效果的照片是非常美妙并且极具创意的。然而要制作出一张双重曝光照片，需要具备一定的图像处理能力。Phantom Photo 是一款主打拍摄和制作双重曝光照片的应用，可以快速将照片继续处理成胶片电影和拍立得的效果。这很大程度上方便了用户，他们可以通过 Phantom Photo 尽情释放自己的创意。

2) 使用场景

Phantom Photo 可以随时随地拍摄或制作出双重曝光照片，并可以打造出胶片电影和拍立得的效果。

3) 应用领域或实用性分析

该应用适合广大爱好摄影的手机用户。

4) 市场调查过程和结论

对本校的师生进行随机问卷调查，得出了结论：他们认为，双重曝光照片和具有胶片电影效果的照片很有创新性，将这二者结合到一起是一个很棒的选择。

5）竞争对手和竞争优势分析

竞争对手：市场上图像处理类软件。

竞争优势：Phantom Photo 将多种创意融合为一体，界面简约，易于操作，可以让用户快速制作出具备双重曝光效果或者胶片电影效果的照片。

3. 系统设计

1）实现系统所采用的技术方案和技术亮点

主要技术方案：图像虚化合成技术。

技术亮点：Phantom Photo 通过对两张照片进行合成虚化处理后产生虚幻般的照片，虚化的过程不是单纯地将前景变透明，而是让前景可以根据颜色和透明度这两项参数进行虚化。

2）系统构架以及系统架构图

该应用提供 Windows Phone 8.1 和 Windows 8.1 两个平台的版本。

3）系统主要功能模块以及主要功能描述

（1）主页面

主页面的设计遵从"Metro"的设计理念，界面简约，让用户可以以最简单的操作方式释放应用最强大的潜力。

（2）混合处理页面

通过选择不同颜色或者取色，前景中相应的颜色会变成透明，通过滑动滑块可以调节透明程度。调节好这两项属性可以让照片产生虚幻般的效果。

（3）基本调节页面

基本调节页面包含多种基本图像处理功能（亮度、对比度、色温、旋转、翻转等）。选择背景或者前景即可分别进行调节，操作极其快捷。

（4）滤镜渲染页面

滤镜渲染页面可以根据用户的喜好选择滤镜对合成的照片进行渲染，包含多种别具一格的滤镜，都经过了精心调配。

（5）影片模式页面

影片模式页面可以将合成的照片进行影片化，可以将输入的字幕进行多语种翻译。另外影片模式也包含图像滤镜，方便用户选择。

（6）边框页面

边框页面可以给照片加上边框，还可以添加文字，达到拍立得的效果。

（7）双重曝光相机

双重曝光相机可以拍摄出重影般的照片，只需拍摄两次即可成型，极其方便。另外合成出的照片同样可以进行各种处理。

4）系统人机交互设计和主要界面

（1）主界面如图 1 所示。

（2）混合处理页面如图 2 所示。

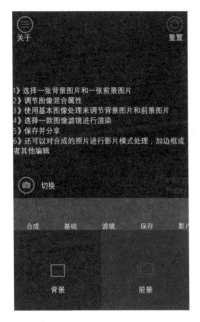

图 1　主界面

图 2　混合处理页面

（3）基本调节页面如图 3 所示。

（4）滤镜渲染页面如图 4 所示。

图 3　基本调节页面

图 4　滤镜渲染页面

（5）影片模式页面如图 5 所示。

图 5　影片模式页面

（6）边框页面如图 6 所示。

（7）双重曝光相机如图 7 所示。

图 6　边框页面

图 7　双重曝光相机

4. 系统环境

（1）系统软件环境：Windows Phone 8.1,Windows 8.1。

（2）系统硬件环境：Windows Phone 8.1 手机,Windows 8.1 平板或 PC。

（3）系统开发环境：Visual Studio 2013。

5. 未来发展方向

　　未来将搭建一个 Phantom Photo 交流平台,用户可以在该平台上分享或者下载使用 Phantom Photo 制作的照片,可以对照片进行评价,交流照片的制作心得,等等。同时该平台也会提供给 Phantom Photo 用户更多的背景素材和前景素材。

最佳创新项目 2　PoYo

团队名称：Cyber Door

秦天一：福州大学，产品经理，队长

陈瑜婷：福州大学，软件工程师

林方平：福州大学，硬件工程师

李瑶池：福州大学，软件工程师

刘大伟：福州大学，指导教师

1. 系统主题

1）引言

随着生活的节奏越来越快，许多工作者、学生都处于一种久坐不动、超负荷工作的状态，过度疲劳造成精力、体力透支。白领人士长期工作，甚至常熬夜加班，忙碌的他们很少注意到身体的器官正处入不敷出的状态，更不用说会利用一些闲暇时光做一些运动；对于许多青少年来说，读书也好，玩游戏也罢，经常是一坐就是一天，如果没有父母的提醒，他们会这么一直坐下去，因为站起来就是浪费时间；对于从事电脑工作的 IT 工作者而言，这种问题就更为严峻了。长时间脑力劳动和加班熬夜成为亚健康的主要原因。健康专家建议电脑工作者每工作1 小时就要起身休息，舒展筋骨，远离亚健康，但是一旦投入工作，人们基本把这些叮嘱忘在了脑后。

2）选题动机与目的

PoYo 的灵感来源要从队长秦天一身边的亲人说起，父亲患有高血压和冠心病，母亲前些年因胆结石将胆囊摘除，除了已有的疾病，两人长期伏案的工作状态以及缺乏锻炼也让家里人时时担心，特别是在 2000 千米之外上大学的他，感觉在离家求学之后，与家人间的相互照料和关心就只能停留在电话和微信上，重复的言语很难实现真正关心照料的效果。于是他决心改变这一现状，开始走访咨询熟悉的医生长辈，发现当下大部分亚健康状态以及慢性病都可以通过保持规律健康的睡眠以及适时适量的运动来避免并得到有效的改善，而这两方面数据的监测及分析功能已经被主流的智能手环厂商解决得很好，但这些手环对应的 App 每天只会给出一些冷冰冰的数据和分析，让人感到无味，没有长期使用的渴望。作为五岁就开始在自己第一台任天堂上养电子宠物的他，试想着将智能手环监测的运动和睡眠数据作为"饲料"，将家人朋友用动画形象化身"养"在 App 中，让家人朋友之间能够相互鼓励督促，避免无意识地步入亚健康状态或加重慢性疾病病情，基于这些经历、初步的调查和项目构思，他开始着手组建团队开发项目。

3）作品的背景

传统智能手环对数据结果的过度强调和社交体验的不足导致用户体验趋于单调枯燥,即使有精确的数据报表,独自一人也往往难以坚持健康的生活习惯。PoYo 拥有全新独特的智能手环交互方式以及有趣的养成游戏,这两者赋予智能手环新的社交意义,帮助用户和家人朋友共同养成健康生活习惯,传递健康提醒,传递爱意,增进亲密关系。PoYo 将家人朋友间远距离联系的交互体验上升到物理触感层面,更直接有效地促使人们运动,按时休息。相比传统的文字、语音、图像、视频等通信功能,物理触感层面的交互大大增加了"亲人的关心提醒"到"实际的健康习惯"的可能性。PoYo 从交互体验入手,在交互体验的过程中会为用户提供与众不同的智能配饰穿戴体验,有效地关照亲人朋友健康,增进亲密关系。

2. 需求分析

1）概要

（1）能够连接各种手环,监测并获取用户的运动与睡眠数据

现在市面上的手环一般会配有自己的 App,但是一个 App 只能匹配一类手环,没有综合性。我们的 App 能够连接多款手环,如 Microsoft Band、Jawbone、Fitbit 以及我们自己的PoYo 手环。即使用户更换了一款新的手环,也还是能够做到数据一致性,就像没有更换手环一样。

（2）根据数据以动画的形式呈现用户的状态

当看着一堆数据的时候,用户往往很难看出自己到底处于一种什么样的状态,好还是不好。为了趣味性和直观性,用数据来构建用户的状态,并且以动画的形式显示,让用户一看就觉得:不行,我该运动了!

（3）根据用户不同状态以动画呈现相应危害

根据用户的状态,分析其数据,得到专业的生理危害的映射,让用户能够直观全面了解到自己现在的身体状况和不改变现状将带来怎样的危害。在用户询问医生之前,就能够知道自己的身体素质有哪些不足。

（4）根据用户不同状态通过手机或手环向用户推送提醒

许多人是没有在久坐之后意识到自己应该起身运动的自觉的。忙得焦头烂额的时候谁能够想到这些? PoYo 为用户设计了自动推送,只要用户愿意,我们的产品能够成为 24 小时的贴身管家,在用户出现久坐不动、晚睡的时候给予提醒。

（5）查看好友状态,进行提醒

我们的 App 是一款温情的软件,用户可以看到自己朋友圈中那些他们关心的人的状态,在适当的时候给予爱的提醒,这样的互动不仅能够让对方多运动,也能够让大家感受到互相关心的温暖。

（6）接受提醒

有时候系统的提醒往往被用户忽略,但是来自家人朋友的提醒往往被用户所重视。希望这样来自远方的关心能够让用户有更多的信心和决心改掉自己的坏习惯。

2）使用场景

PoYo 智能手环的使用场景主要是当用户熬夜晚睡或久坐不动时，手环会自动震动，提醒用户尽早休息或起身运动，同时家人朋友也能在 App 看到因为晚睡和久坐用户的动画形象陷入"危险境地"，戳动用户的动画形象来提醒用户逃离"危险"；用户亦可在任何闲暇时光使用App，与家人好友共同进行有趣的交互和游戏。

3）竞争对手和竞争优势分析

（1）与已经存在的产品的不同点

Jawbone、Fuel band、小米手环等在智能手环市场上较为主流，Jawbone 与 Fuleband 着眼于用户的运动、睡眠等数据的监测及报表式分析，整体设计定位是健康监测的工具；小米手环在运动以及睡眠数据的监测和分析基础上，增加了来电提醒、自动解锁等功能，其整体设计定位是在健康监测的基础上增强手机功能来提升用户体验；PoYo 智能手环以监测分析用户运动及睡眠数据为基础，让家人朋友通过交互养成游戏共同养成良好生活习惯，保持身体活力健康，增进亲密关系，产品的整体设计目标是在预防亚健康状态的基础上构建一个健康有爱的虚拟家庭。

（2）作品创新性以及突破性

PoYo 在智能手环的交互设计理念上具有创新和突破，通过与手机上的交互养成游戏相结合，彻底摆脱以往智能手环枯燥无味的数据报表提示，真正将社交属性加入其中，使得手环成为家人朋友关心提醒的媒介焦点，帮助家人朋友共同养成健康生活的习惯，增进亲密关系。

（3）产品不足之处

产品的交互就目前阶段还是比较单一的，而且未考虑到隐私方面的问题。原本的设想是下决心要改掉久坐、晚睡习惯的人群就会使用该产品，这时候他们不应该担心自己的状态展现在他人眼前，但是这似乎给用户带来了一些压力。

3. 系统设计

1）实现系统所采用的技术方案和技术亮点

基于 Windows Phone 8，PoYo 利用蓝牙的接口实现与多款市面上流行的手环进行配对，利用 Windows Phone 8 的 API 接口实现手机之间的互相连接。每个用户都是关心别人和被别人关心的一员，形成一个风格独特的社交网络。

2）系统构架以及系统架构图

系统由三个部分组成：(1)运行在手机上的 PoYo 软件；(2)用户佩戴的手环；(3)服务器系统。图 1 所示即为 PoYo 系统架构图。

3）系统主要功能模块及系统人机交互设计

图 2 所示为运行在手机上的 PoYo 软件的个人主界面，其中，用户可以看到自己的跑步计数、移动距离、睡眠质量等数据，还有自己的等级和金币，这些金币由用户的活力来换得，可以到商店中购买头像。

图 1　PoYo 系统架构图

图 3 所示为广场界面,PoYo 通过手环来搜寻附近同样使用 PoYo 的人群,用户可以添加对方为好友来认识更多志同道合的朋友。

图 2　PoYo 个人界面

图 3　广场界面

图 4 所示为 PoYo 的运动分析报表界面,在这里用户可以直观看到自己这一周的状态,图标方式让用户感受到自己的进步与退步。

图 5 所示为商店页面,用户可以在这里使用金币购买头像。

4. 系统环境

(1) 系统软件环境:Windows Phone 8.1。

(2) 系统硬件环境:Windows Phone 8 手机,Microsoft Band,PoYo 手环。

(3) 系统开发环境:Visual Studio 2013,Windows Phone 8.1 SDK。

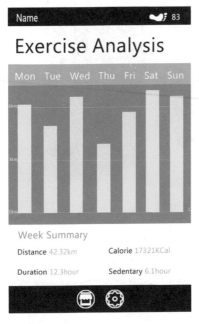

图 4　运动分析报表界面

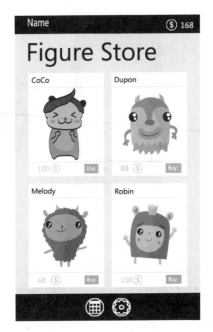

图 5　PoYo 商店

5．未来发展方向

1）初期商业计划

瑞信集团数据显示，2014 年全球可穿戴智能终端的出货量将超过 1 亿部，到 2018 年可能超过 3 亿部，未来两到三年，全球可穿戴设备的市场规模有望达到 300 亿～500 亿美元，市场潜力无限。

PoYo 智能手环计划以硬件销售、广告活动合作和增值业务销售三个利润获取点为支撑，进入市场。

（1）硬件销售

团队将在初期 PoYo 工程机开发完成后寻求中国智能硬件众筹平台合作，以期获得第一笔项目资金以及第一批用户，利用第一笔项目资金以及第一批用户的使用反馈不断完善产品用户体验，拓展市场，并在期间争取更多的项目路演机会和媒体曝光，扩大知名度。在获得第一批天用户使用反馈后重新评估用户需求，对 PoYo 进行设计调整，协调管理好供应链，并和天猫电器商城、京东、苏宁易购等网络分销平台建立销售渠道合作。

（2）广告活动合作

团队会在产品有一定用户基数的时候在应用内植入原生广告，同时还会和一些活动主办方合作线上线下活动，提高产品知名度，获取收益。

（3）增值业务销售

在产品运营处于成熟阶段，基于 PoYo 精确的健康数据检测及分析，可提供专业的健康顾问服务，为客户提供个性化的私人健康管理服务。

2）外部市场调查、焦点小组测试和 beta 测试的计划

PoYo 追求完美的用户体验，会在开发准备期再次进行详尽的市场调研，确定用户基本需求和对现有智能手环的改进建议；在市场调研的基础上，通过焦点小组测试确定工程版本开发方向，并尽快用 Arduino 开发出产品原型并进行 beta 测试，产品工程版本开发结束后会交付给更大范围的用户使用，以得到更多的用户反馈，确认产品需求，开始正式的第一版开发，在接下来的每一次产品迭代中重新评估用户需求并进行用户反馈的收集整理。

最佳创新项目 3　Project Matrix

作品名称：Project Matrix

杨启凡：东南大学软件学院，软件工程师

汤颢：东南大学软件学院，软件工程师

李茵：东南大学软件学院，软件工程师

顾佳炜：东南大学软件学院，软件工程师

张三峰：东南大学软件学院，指导教师

1. 系统主题

1) 引言

专业的虚拟现实头盔能带来很好的虚拟现实影音和游戏体验。在未来，HoloLens 等增强现实眼镜将推进信息技术进入人们生活的方方面面。虚拟和增强现实将极大改善人们现有的工作和娱乐体验，我们希望广大的普通 Windows 用户也能享受 Virtual Reality 技术带来的炫酷视觉体验。为此，我们提出了一个既能利用现有 PC 计算资源，成本又比较低的 Windows Virtual Reality 解决方案。

2) 选题动机与目的

虚拟现实技术已经走入公众的视野，但目前的虚拟现实解决方案还很不成熟，缺乏内容，缺乏平台性。我们希望通过 Project Matrix 推进虚拟现实操作这一概念，在多种虚拟现实头戴式显示器的上层，提供一个普适的虚拟现实操作系统，解决虚拟现实应用开发、应用推广和底层硬件交互的中间层问题。

随着应用的 3D 化和人机交互方式的种类增加，我们需要在设备的便携和用户体验中达到平衡。而个人电脑目前便携又拥有较为强大的计算能力，我们便希望在便携的头戴设备和 Windows PC 中做计算和电子资源共享，为廉价的头显提供计算分担。

平时在使用电脑时也会有这样的困惑。很多时候需要多屏幕显示不同内容，而带着电脑外出时会发现一个显示器很不方便，虚拟桌面还需要手动切换，用起来不够自如。我们利用 Cardboard 成本低廉的设计让智能手机满足人们对更多虚拟工作区的需求。

2. 需求分析

1) 概要

（1）轻便便携，无线连接，智能计算分担

使用者可能在上班时需要使用虚拟现实工作区进行更高效的工作和线上协作，因此，设备的便携性十分重要，Project Matrix 仅仅使用手机和廉价的外设就能达到此要求，并利用办公室和家中性能强大的 PC 完成计算分担,兼容运行原有 PC 上的程序和电子资源便可以满足现有的需求,并进行广泛的推广。

（2）内容丰富,功能强大,酷炫的娱乐体验和高效的工作体验

目前的虚拟现实设备硬件已经较为完善,但缺乏大量的电子资源供消费者消费,缺乏杀手级应用,我们想从复用现有的 PC 应用开始,导入大量的应用和电子资源,并提供工具,将普通的应用向虚拟现实应用逐步转化。

（3）多种体验良好的人机交互方式

目前和智能设备的交互还限制在触屏、鼠标和键盘上,而进入虚拟现实空间后,人们需要更多自然的交互方式,如语音和隔空手势操控,尝试引入更多的人机交互方式,并定义统一的交互事件,这样就能帮助人机交互技术提供商和开发者做出更好的虚拟现实应用。

（4）一个开放的可扩展平台

头戴式显示器底层硬件变化很大,并且其中的应用开发和富媒体还缺乏规范。目前的硬件制造商面临着头戴式设备性能虽然很好但应用和内容不充足的问题。而上层开发者的应用开发也缺乏规范的标准,难以兼容多种设备并加以推广,所以借助虚拟现实操作系统来驱动底层硬件,打造规范的应用运行平台并接入多种人机交互方法的方式,是目前虚拟现实技术推广的重要一环。

2）使用场景

在虚拟现实功能中,用户坐在电脑附近,头戴内装智能手机的 Cardboard 纸盒,手握红外遥控器或者游戏手柄,仿佛置身于 PC 的虚拟场景之中。

Project Matrix 有以下使用场景:

（1）沉浸式大型 3D 游戏和影院体验;

（2）更好的消息通知和生活信息查看,如抬头天气小挂件;

（3）多任务工作区,可同时视频和操作文档,可自由切换工作区;

（4）沉浸式 3D 图片、视频和文件操作;

（5）可以控制很多周边外设,如无人机、全景摄像头,甚至一台可自由移动的机器人。

3）竞争对手和竞争优势分析

竞 争 对 手	优　势	劣　势
Oculus Rift（代表商业头显）	佩戴舒适,画面流畅,开放了一定的接口	价格昂贵,3D 内容还很匮乏,还未搭建好虚拟现实应用生态,交互缺乏,佩戴时需要接线,不方便随身携带
暴风魔镜、Gear Virtual Reality（代表虚拟现实应用）	较为廉价,且已经推向市场,积累了虚拟现实的资源	种类仅限于 3D 游戏和视频,缺乏平台性和生产力应用仅仅能适配特定的设备,不够普适,计算能力有限,不能复用现有的 PC 资源
Google Glass（代表增强现实的软硬件一体化方案）	有一定的增强现实能力能更好地与现实世界结合	价格昂贵,且交互形式有限,体验不够沉浸

3. 系统设计

1) 实现系统所采用的技术方案和技术亮点

系统的程序实际运行在 Windows PC 上,还有一些资源也是存储在 PC 上,另外一些硬件扩展也是围绕 PC 进行的。创建虚拟的 Windows 拓展屏幕,屏幕图像压缩后可以通过无线传输到手机上,另外例如 Windows 文件系统信息、一些图片和文件资源也可以通过无线传输到手机。然后手机利用支架和屏幕显示变换将 3D 效果呈现给用户,这里扩展屏是直接变换到 Virtual Reality 空间中显示墙上的,而 Windows 3D 资源管理器是利用无线传输过来的 Windows 文件系统信息,在手机上进行动态的 3D 建模并显示的。同时,手机通过磁场、陀螺仪、重力感应、摄像头、麦克风等传感器感知用户的头部运动信息和手势操作,并将传感器数据处理后发回 PC,以控制 Windows 应用的运行。这里是通过无人机提供的 Windows PC 接口与之通信的,也就是说,实现了体感控制操作,将操作信号传递到 PC,然后 PC 调用无人机的开放 API 实现对它的控制操作。

2) 系统构架以及系统架构图

系统构架以及系统架构图如图 1 所示。

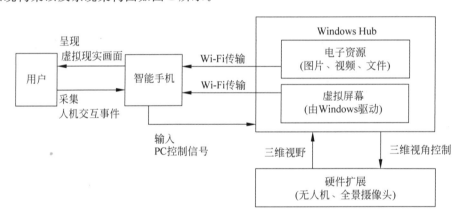

图 1　系统架构图

系统由三部分组成。

(1) Matrix Client 运行在手机上,和使用者进行人机互动,屏幕呈现虚拟现实画面,控制 Windows Hub 上的电子和计算资源,和 Hub 上保存的虚拟现实场景进行同步。

(2) Windows Hub 提供电子和计算资源,控制第三方硬件,并保持有用户偏好的三维场景。

(3) 第三方硬件扩展与 Windows Hub 进行信息交互。

3) 系统主要功能模块以及主要功能描述

(1) 基于多普勒效应的超声波手势识别算法。

(2) 基于图像处理的红外线二极管遥控器。

(3) Windows 屏幕传输和手机双眼 3D 显示转换。

（4）3D 多工作区建模和虚拟现实应用运行平台。

（5）Demo 应用的接入与开发：接入 Windows 的应用有 Minecraft、Skype、Office、IE 等；开发虚拟现实应用有资源管理器、图片、视频等；开发硬件扩展应用有无人机、全景摄像头等。

4）系统人机交互设计和主要界面

系统有四种人机交互方式。

（1）头瞄

通过手机的陀螺仪和重力传感器，手机能计算出用户在真实世界中的头部朝向，进而呈现出在虚拟空间中应该看到的画面。转动头部就可以自由地看到周边的一切。同时，视线扫过的物体都会产生被激活的动态效果。

（2）磁感

拉动 Cardboard 眼镜上面自带的磁铁可以进行全屏切换。当 Windows 应用打开后，切换全屏能带给用户沉浸式的 PC 使用体验。

（3）超声波手势识别

通过手机的扬声器发送超声波和麦克风监听人手挥动对超声波产生的多普勒偏移，我们自主研发超声波手势识别库，并使用机器学习进行识别率提升，可以非接触的识别多种手势。在 Matrix 中，常用的手势是点击、后退、放大、缩小和左右滑动。

（4）红外线手指追踪

使用者手持一个自主研发的红外线遥控器，手机通过摄像头追逐遥控器发射的红外线对手指进行定位，并能识别出点击、拖曳等手势。这里的点击也对应着超声波的点击。

主要界面如图 2 所示，主要有 12 部分。

（1）虚拟世界的入口：宝藏岛。在使用者的身后有宝藏，通过它能切换为造物主模式，看到虚拟世界的数字化实体。

（2）纵览工作区布置，可以观察到 3 个相互独立且可自由切换的工作区。

（3）抬头可见一些小部件，例如实时天气等滚动更新的信息。

（4）进入每个工作区后，可见左侧环绕的是动态磁贴墙，他们分别对应着不同的 Windows 应用，会翻转更新信息。

（5）每个工作区的中心是一个动画人物，它将在应用加载的时候活动，并在应用主界面显示后消失。

（6）在每个工作区的右侧是应用专属选项列表，例如图片应用为当前图片详细信息和图片墙。

（7）图片应用打开后，在正前方是当前正在浏览的图片。

（8）在全屏操控无人机的时候，能看到无人机上摄像头看到的实时画面。

（9）把传统的 Windows PC 游戏转换成沉浸式的游戏。打开 Minecraft，通过头的旋转控制游戏中的视角。

（10）可以在虚拟空间中随意打开 3D 视频观看，并可以切换全屏沉浸其中。

（11）可以同时打开 3 个工作区，分别为 Skype、PowerPoint 和浏览器。

（12）同时使用多个虚拟屏幕进行工作。

图 2　主要界面

4. 系统环境

（1）系统软件环境：服务器为 Windows 8，Windows 8.1，Windows 10；客户端为 Android 4.0+。

（2）系统硬件环境：服务器为 X86 架构的计算机；客户端为 Android 智能手机；周边外设为纸质 Virtual Reality 手机托架、自制红外遥控器、无人机和全景摄像头。

（3）系统开发环境：Visual Studio 2013，Weka，Arduino IDE，Eclipse，Blender。

5. 未来发展方向

1）技术发展方向

（1）系统架构

未来 Windows 系统可以运行在功能强大的私有 PC 上或者远端的 Azure 云上，通过移动无线网络和智能手机相连。然后利用静态的分布式计算架构或者动态的 code offloading 在两者之间分担计算任务。例如，可以将超大型游戏、动态 3D 建模等高负载计算放在云端，而使用廉价便携的移动设备进行人机交互，这样也可以随时随地方便地体验强大的计算资源带来的震撼效果。而对于无人机这种智能硬件资源，则可以通过一个手机上的 Windows Universal App 应用直接对其控制。为了提高操作体验，还可以利用无人机对周围环境进行动态 3D 建模，在虚拟空间中实时建立真实的 3D 现实场景，实现类似 3D 倒车影像的操控体验。当然 3D 建模工作还可以分担到 Windows 机器上。

（2）人机交互方式

多种人机交互方式各有所长，适用于不同的场景，功能上又可以优势互补、互相协作。

关于交互方式，我们还想做到更多。希望与其他公司合作，将更多的人机交互方式如语音识别、数据手套、眼球追踪、运动神经信号分析和基于深度传感器的手势识别融入 Matrix 虚拟世界。

2）市场发展策略

（1）Matrix 是虚拟现实操作系统的原型实现，希望得到目前主流的操作系统厂商的支持和合作。

（2）和目前的头戴式显示器厂商合作，由我们提供免费的、普适的虚拟现实操作系统，提供软硬件一体化设备。

（3）提供一篮子虚拟现实应用开发工具，打造虚拟现实应用和 3D 富媒体的分发平台，吸引用户和开发者。

（4）接入其他硬件，制定虚拟现实应用开发标准。

最佳创新项目 4　OfficeCoder

团队名称：HillSideWatcherII

邢加荣：山东大学软件学院，产品经理

孙铭超：山东大学软件学院，UI 设计师

许崇杨：山东大学软件学院，软件工程师

罗远航：山东大学软件学院，软件工程师和算法设计师

戴鸿君：山东大学软件学院，指导教师

1. 系统主题

1）引言

进入 21 世纪以来，手机逐渐成为人们日常生活中必不可少的设备之一，人们几乎每时每刻都将自己的手机带在身上或者拿在手里。在智能手机上，使用最多的就是手机上各种各样的软件，如订餐软件、打车软件、旅游软件等。正是由于这些各种各样的软件才使得手机的功能这么强大。不可否认的是，现有的软件总是不能使我们满意，每个人都曾想过自己制作一款个人专用的软件。但是，开发手机软件是需要复杂的专业知识的，普通用户没有办法自己开发而只能花钱雇佣程序员帮忙开发。这种方式会浪费大量的人力、财力和时间，同时，开发的应用也不能很好地满足每个用户的需求。

2）选题动机与目的

为了简化手机 APP 的开发过程，缩短开发周期，实现软件定制，我们开发了这款 Office 插件——OfficeCoder。使用 OfficeCoder，用户只需要在 Microsoft Word 中以自然语言的方式描述自己想要的软件，插件就会自动地为用户生成软件的初级版本，然后用户根据自己的需要进行修改，单击"一键生成"，插件会将软件的下载链接以二维码的形式返回给用户，供用户下载使用。任何会使用 Office 的用户都可以使用 OfficeCoder 制作自己的软件，不需要任何专业知识，简单、方便和易用。OfficeCoder 打破了原有的手机 App 开发模式，大大降低了编程的门槛，让每个人都能体验定制 App 的快感。

3）作品的背景

开发背景：团队有着丰富的项目开发经验，多次开发手机 App 和云端应用，技术扎实，团队配合默契，为这次项目打下了坚实的基础。

技术背景：Office 2013 为程序员提供了丰富的开发接口，使开发者可以按照自己的喜好扩展 Office 的功能，开发功能丰富的 Office 插件。Microsoft Azure 可以搭建自己的服务器，为项目服务器的搭建提供了极大的便利。自然语言分析算法以及机器学习算法逐渐成熟，为算法的实现提供了丰富的参考。

2. 需求分析

1）概要

（1）打破传统开发模式

对于传统的程序开发模式，只有应用程序开发者才能进行开发。其缺点是很明显的，即开发周期长、不能满足每个用户的需求、制作成本高，当然这些问题是十分棘手的，所以我们提出了 OfficeCoder 这一构想，使任何会使用 Microsoft Word 的用户使用自然语言都可以进行开发，方便快捷，大大降低编程门槛，真正实现软件的私人订制，让每个人都能体验到迅速快捷地亲手制作简单移动应用的乐趣。

（2）迎合大众用户需求

传统的 App 开发技术要求软件工程师们团体协作，而我们的作品试图打破这一传统，拓展 App 的开发途径，不再使用传统的编写代码的形式，而是采用自动生成与手动修改相结合的方式。首先根据 Word、PowerPoint 或 Visio 的内容自动生成一款 App，用户可以在 Office 界面中预览自动生成的 App，如果不满意 App 的内容，可以在 Office 中采用拖曳、删除、编辑等方式进行修改，直到自己满意为止。然后服务器将根据用户的编辑再次生成 App 供用户下载。这样就使得每一个使用 Office 的用户都可以开发自己想要的 App，而且并不需要特别学习编程技术，这极大地降低了 App 制作的难度。

（3）同时为专业人士提供便利

该作品不仅面向不会编程但又有软件需求的人，同时也可面向 UI 设计师等专业职位进行软件起草设计，快速生成软件预览或软件初级版本。与此同时开放了开发人员接口，有意做出贡献的程序开发者可以为我们开发扩充库，在使用过程中受到库所局限的程序开发者和设计师也可以进行自定义开发，并将控件提交到我们的库中。

2）使用场景

（1）普通用户想要一款自己的软件

如用户想要一款介绍自己的简历软件，用户可以通过在 Word 中输入文字进行描述，然后通过 Office Coder 生成以及修改不合适的地方，最终生成自己的一个电子介绍软件。又如，用户希望生成一个随机出乘法题的软件来给孩子出题，则可通过描述来生成。有需求的用户还可以尝试游戏生成。

（2）程序设计人员进行软件设计

程序设计人员可利用我们的软件，通过描述控件或使用操作界面快速地进行软件初步设计，并可通过这种方式给其他程序开发人员进行讲解。UI 设计师也可以使用 OfficeCoder 进行界面设计。

3）竞争对手和竞争优势分析

目前市场中未发现有类似同类软件。

3. 系统设计

1）实现系统所采用的技术方案和技术亮点

以 Word 插件形式呈现给用户，用户在 Word 中输入想要应用的文字描述，上传至云端服务器，利用 Microsoft Azure 云实现对用户输入文字的分析，获取 App 的布局、控件、功能等信息，然后返回至用户端 Word 插件中预览，用户可以对 App 的预览版本在图形界面下进行修改，用户确认后，服务器根据信息完成 App 的组装，打包编译，生成安装包。定义 xml 规范，用来完成对 App 的统一的描述。在技术方面创新地使用了学习算法精确匹配控件，进行句义分析并获取文字中的语义逻辑。

2）系统构架以及系统架构图

系统包括 Word 插件部分、自然语义分析部分、模板库以及服务器组装编译 App 部分。系统架构图如图 1 所示。

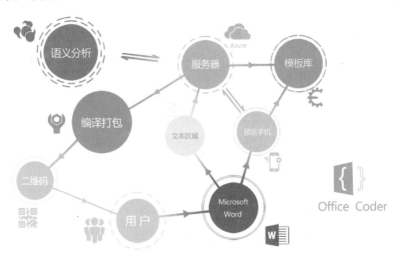

图 1　系统架构图

3）系统主要功能模块以及主要功能描述

（1）Word 插件部分主要用于调整 App 的预览，修改控件的外观，修改内容，增加或删除控件、页面等。

（2）语义分析模块主要用于对用户输入的文本进行分析以匹配控件，分析文本中的语义逻辑。

（3）编译打包部分主要用于根据 App 的 xml 描述组装 App，编译打包成安装包。

4）系统人机交互设计和主要界面

用户端进行图形化操作，通过单击修改属性、拖曳调整大小、移动位置等操作，方便地调整 App，交互体验良好。主要界面截图如图 2 和图 3 所示。

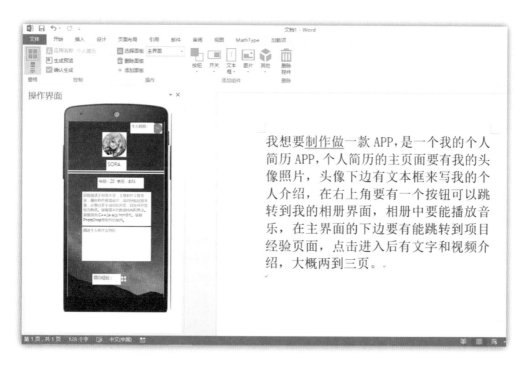

图 2　插件服务器返回的 App 预览

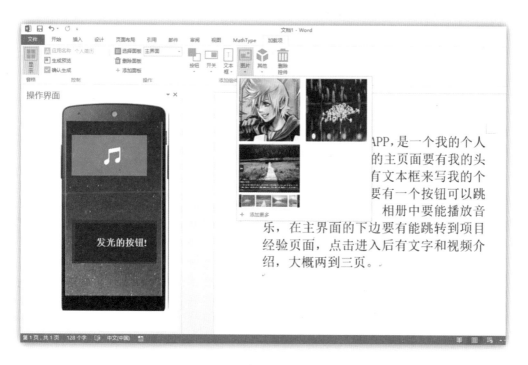

图 3　用户正在添加控件

4. 系统环境

(1) 系统软件环境：Windows 7，Windows 8，Windows 8.1，Microsoft Office 2013，Microsoft Azure。

(2) 系统硬件环境：电脑端无额外硬件要求；移动端为 Windows Phone 8.0 以上/Android 4.0 以上/iOS 手机。

(3) 系统开发环境：Visual Studio 2013，Microsoft Office 2013，Microsoft Azure。

5. 未来发展方向

1) 技术发展方向

加入微软 Cortana 语音元素，接入语音接口，帮助用户使用语音定制自己的移动端应用；完善模板库以及控件库，使得用户不仅可以使用 OfficeCoder 自动生成应用，还可以生成游戏、扩展插件的功能，使插件不仅能适用于 Word，还可以适用于 PowerPoint、Visio 等 Office 产品，以更加多元化的方式生成 App；提供开发人员接口，使得其他有兴趣的开发者可以将自己开发的控件上传到控件库，使控件库更加丰富。

2) 市场发展策略

结合 OneDrive 搭建用户自有应用商店，在此基础上搭建公有云应用商店，用户可以在商店中选择自己需要的应用，同时还可以使用 OfficeCoder 定制自己的应用并上传至商店。

最佳创新项目 5　Ciker

团队名称：Hurricane

李贝贝：重庆大学软件学院 2012 级

胡方旭：重庆大学软件学院 2012 级

曾维群：重庆大学软件学院 2012 级

冯志敏：重庆大学软件学院 2012 级

杨梦宁：重庆大学软件学院，指导教师

1. 系统主题

1）引言

近几年来，骑行作为一项绿色健康的运动方式，在世界范围内都受到极大欢迎。骑行爱好者的群体逐渐庞大。同时，骑行过程中暴露出的问题也不断增多。据调查，骑行爱好者对于骑行过程中所出现问题的解决情况满意度低于 10％。这说明，日益壮大的骑行爱好者群体的用户体验应该得到关注和提升。骑行爱好者经常会跋山涉水，遇到一些很特别且令人兴奋的风景和事物，如果能帮助骑行者及时记录沿途的风景从而为骑行爱好者留下美好的回忆，自然就提升了骑行者的体验。长时间的骑行会使骑行者身心俱疲，及时地进行疲劳监测并提醒骑行者也是提升用户体验的一种方式。在当下社交软件蔚然成风的社会环境中，若能够为骑行爱好者在骑友圈中提供社交功能，则会增加骑行运动本身的乐趣。当下关于脑电波分析技术的发展为监测疲劳提供了一种新的方式。而 Ciker 就是利用脑电波技术，结合移动开发从以上几个方面为骑行者打造了一款贴身助手产品。

2）选题动机与目的

我们调查了学校的骑行社，进一步确认了问题的存在。目前市场上并没有出现利用脑电波控制分析心情从而控制摄像头拍照或进行疲劳监测及提醒的类似产品，并且也没有出现骑行爱好者专用的圈子类社交功能的手机软件。我们希望能够在现有的技术上进行创新，提升骑行者在骑行过程中的幸福感和满足感，使骑行爱好者骑得开心和安全。

3）作品的背景

市场背景：市场上目前并没有出现利用脑电波进行拍照的骑行头盔或应用，同样也没有出现任何一款针对骑行者的圈子分享应用，而骑行者的队伍又在不断壮大。因此，产品具有广阔的市场前景。

技术背景：目前关于个人脑电波心情分类算法的心情算法准确度最高可达 80％以上，具有一定的可信度；同时疲劳监测算法准确度也比较高；而 Windows Phone 手机应用开发技术逐渐成熟，这些都有助于更好实现该产品的功能。

2. 需求分析

1）概要

（1）可以识别骑行者兴奋的情绪并及时拍照

为了解决骑行者骑行过程中拍照不方便、不安全的问题，此应用必须拥有可以自动拍照的功能。当然，它不能随意地拍，而是要智能地识别出骑行者当前的心情，若当前处于兴奋状态，则可认为骑行者看到了其感兴趣的事物，此时应进行自动拍下。这就要求此款应用应该在识别用户兴奋的情况下及时拍照记录。

（2）疲劳监测和提醒

骑行者长期的骑行必然会带来身心俱疲，增加了旅途的危险系数。此时应用应该能够识别骑行者的疲劳信号，并做出相应的提醒。与脑电波监测技术相结合，采用脑电波数据分析疲劳信号，并在监测出骑行者疲劳的时候给出相应的提醒。

（3）普通的导航功能

对于一款骑行应用来讲，最重要的功能是导航系统，因此应用也应提供基本的导航功能。

（4）圈子分享功能

作为一款用来提升骑行者体验的应用，在当前社交软件盛行的情况下，社交功能当然必不可少。分享自己走过的路线和拍下的照片对于骑行者来讲往往不仅可以与互相关注的好友分享自己的快乐，而且能够提升成就感和幸福感。

（5）记录路线和心情路线

记录路线的功能主要用于分享。当自己完成一条路线时，用户可以将其分享到"骑友圈"。此外，根据脑电波分析得到的心情数据可以转换成不同的颜色为路线上色。使骑行者及其圈子里互相关注的朋友能够一目了然地看到此条路线的总体情况。

2）使用场景

获取脑电波的设备以及分析心情的开发板需固定在头盔上，导航和分享等功能集成在 Windows Phone 应用上。在骑行过程中，通过脑电波设备获取脑电波信号后传至开发板并进行心情和疲劳分析。

（1）骑行者兴奋时自动拍照

在头盔捕捉到脑电波的信号并分析出其处于兴奋状态的情况下，开发板自动控制摄像头使其拍照。

（2）骑行者疲劳监测及提醒

在头盔捕捉到脑电波信号并分析出骑行者处于疲劳状态的情况下，开发板应控制启动蜂鸣器进行疲劳提醒。

（3）骑行者利用手机应用导航

骑行者打开手机应用并进入导航页面，输入起点和终点即可进行路线的建立，并可以及时更新位置，显示已行路线，保证用户可以清晰地看到自己的行程进展。

（4）骑行者在"骑友圈"中分享

骑行者在"骑友圈"中分享路线和发表说说，在网络畅通的情况下可以成功分享。

3）应用领域或实用性分析

本产品将自动控制拍照和疲劳监测提醒模块嵌入骑行者的头盔,方便使用。手机端应用结合了骑行者必需的导航功能和基本社交功能,既满足实用性又增加了乐趣。手机应用界面设计简洁人性,容易上手。

4）市场调查过程和结论

通过对学校骑行社成员的调查发现,他们对 Ciker 的自动拍照和疲劳检测充满了兴趣,并认为其作为第一款针对骑行者的社交应用软件,有很大的市场潜力。

5）竞争对手和竞争优势分析

（1）脑电波及心情控制功能

优势:利用脑电波技术控制较为新颖;利用心情控制拍照能及时记录骑行者感兴趣的事物;利用脑电波监测疲劳并提醒骑行者的功能提高了骑行的安全系数;并且目前市场上并没有出现类似的产品。

劣势:根据脑电波分析心情的准确率较低且有延时,算法不够成熟;用户参与设定部分太少。

（2）圈子类型的骑行者社交软件

优势:市场上第一款针对骑行者的圈子类社交软件。

劣势:和头盔交互传输信息过程比较烦琐。

3. 系统设计

1）实现系统所采用的技术方案和技术亮点

系统使用 MindWave 脑电波采集设备采集脑电波,利用树莓派开发板对脑电波信号实现心情识别和疲劳检测。若用户处于兴奋状态,则触发摄像头并启动,从而实现根据心情自动拍照的功能。若监测到骑行者处于疲劳状态,则触发蜂鸣器,从而实现疲劳提醒的功能。手机端采用了 Windows Phone 8.1 开发包中的地图控件实现导航等与地图相关的功能。利用 HTTP 等网络协议实现手机应用前端和后台的交互。头盔和手机之间则利用蓝牙来实现照片等数据的传输。利用脑电波挖掘信息并施行控制是一个比较亮点的技术。通过此款应用,骑行者不仅可以方便地记录自己的行程,减少安全隐患,同时也拥有专属于自己和骑友之间的圈子,增加了骑行的乐趣。

2）系统构架以及系统架构图

系统由三个部分组成:(1)运行在 Windows Phone 手机上的 Ciker 软件;(2)一顶配有脑电波监测以及控制装备的骑行头盔;(3)后台数据库(存储用户手机应用所产生的数据)。系统架构图如图 1 所示。

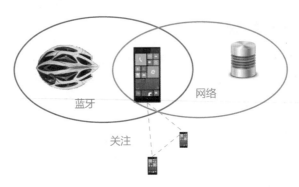

图 1　系统架构图

3）系统主要功能模块以及主要功能描述

（1）头盔

脑电波控制拍照：根据脑电波分析用户心情，若用户处于兴奋状态，则认为用户看到了令自己兴奋的事物，启动摄像头进行拍照。

疲劳监测和提醒：根据脑电波数据和疲劳算法，监测用户是否有疲劳迹象，若出现，则启动蜂鸣器进行疲劳提醒。

（2）手机应用

导航：普通导航功能。

绘制心情地图：根据头盔传回的心情数据在路线上绘制对应的颜色，可生成用户专属的心情路线。

分享：通过互相关注，两个用户可成为骑友，用户可以分享路线和说说到骑友圈。

浏览骑友圈：每一个用户可以浏览自己骑友的分享内容。

（3）系统人机交互设计和主要界面

头盔：头盔上配有启动头盔端的开关，打开便可使用除与手机端通信以外的所有头盔端功能。另配有打开蓝牙的开关。

手机应用：图 2 是 Ciker 应用手机端的界面，分别展示了心情地图、分享和浏览分享等功能。

4. 系统环境

（1）系统软件环境：Windows Phone 8.1。

（2）系统硬件环境：Windows Phone 8.1；树莓派开发板；MindWave。

（3）系统开发环境：Visual Studio 2013；Windows Phone 8.1 SDK。

5. 未来发展方向

1）技术发展方向

提高心情分类算法性能。目前，由于心情分类器的相关网络数据不够多，因此准确度比较

图 2　Ciker 手机软件界面

低。可以进一步收集脑电波数据和其相对应的心情值,从而提高分类器的性能。

2) 市场发展策略

(1) 该产品的主要发展方向为向骑行爱好者出售设计好的智能头盔,配之手机应用。

(2) 随着用户的逐渐增多,可以利用骑行者产生的大量路线数据以及旅途中产生的心情数据,进行数据挖掘,向骑行者推荐路线,推动路线周围的经济发展。

(3) 将用户所产生的大量脑电波和情绪的数据提供给相关科研部门,用于科学研究。

最佳创新项目 6　Lotus lantern

团队名称：Lifedreamers，西安电子科技大学

徐航：机电工程学院，整体设计

胡瑞裕：机电工程学院，硬件设计

王熙：机电工程学院，创意设计，外观设计

姜福义：电子工程学院，软件设计

杨刚：电子工程学院，指导教师

1. 系统主题

1) 引言

2001 年，国际精神卫生和神经科学基金会主办的全球睡眠和健康计划引发了一项全球性的活动，此项活动引起了人们对睡眠重要性和睡眠质量的关注。2003 年中国睡眠研究会把"世界睡眠日"正式引入中国。据统计人一生至少要有 1/3 的时间是在床上度过，可见睡眠对人体的健康至关重要。然而，随着人们生活水平的日益提高，谈雾霾、谈创业、谈梦想，也越来越关注更健康科学的睡眠，但"一觉睡到自然醒"仍是一种奢望。2015 年 3 月 16 日，喜临门家具联合中国医师协会主办组织实施的《喜临门中国人睡眠指数》调查显示：2015 年全国睡眠指数得分为 66.7 分，距离优质睡眠还有很长的一段距离。健康从优质睡眠开始，你睡好了吗？

中国古老传说中那盏神奇的宝莲灯时而璀璨，时而温暖，凝聚着浩瀚宙宇间神奇的力量。在沉香手里，它象征着正义能量和爱的灯光让人记忆深刻。现在我们愿用一盏同样神奇的"宝莲灯"为您带来舒适而安心的睡眠。

2) 选题动机与目的

目前社会巨大的生活压力导致各种人群离健康的睡眠越来越远，较差的睡眠质量在让人们身体憔悴的同时，也诱发了很多社会问题，如无法有效工作、学习等。我们发现目前市场上的大多数帮助人入眠的产品在实际使用上效果一般。特别是每天陪着人们入眠的各类床头灯，远远没有实现它应有的作用。

我们希望以用户的感受为主，集合多种贴心功能，打造一款贴心的、极致呵护用户睡眠的"宝莲灯"。

3) 作品背景

从 2014 年及 2015 年的睡眠指数调查分析中，我们看到一些问题：农村人睡得越来越好，城市人却改善乏力；新的"40/50"人员睡眠质量难保证。四宗罪主要影响用户的睡眠——故意拖延罪，意乱情迷罪，因公抛弃罪，无视床垫罪。归结起来可知，长期的睡眠时间紊乱以及手机信息流类睡前娱乐的影响会使得人的睡眠状况及质量变差。

如何有效帮助人们拥有一个良好的睡眠环境这个问题显得越来越重要和紧迫。而目前人们解决此问题主要通过催眠药物、特殊气体等,还不能有效解决此问题。

自 2012 年 11 月 21 日,全球首届感官睡眠论坛在北京举行以来,感官睡眠的研究也如火如荼地进行着。感官睡眠是指从色彩、气味、声音、触感和味道五个方面,全面地引导人们根据客观环境的不断变化来构建一个舒适的睡眠环境,以此来提高人们的睡眠质量。这些研究引导了新的睡眠呵护的方向,同时也给想要聚焦人类睡眠的产品带来了理论依据。我们希望能设计一款多感官影响人睡眠的智能睡眠床头灯,以此来提升用户的睡眠质量。

2. 需求分析

1) 需求

由 2015 年喜临门中国睡眠指数调查显示,中国有 31.2% 的人存在严重的睡眠问题,这一比例相比 2014 年上升了 9.2%;22% 的人过了 24 点不睡觉;"睡眠拖延症"的首要原因是上网聊天(53.6%)和玩游戏(44.5%);54.7% 的人失眠的主要原因是来自工作压力;48.2% 的人因为睡不好而易怒发脾气,导致工作生活受到影响。从这里可以看到,睡眠这个大问题急需一个合理的方式来解决。

市场调查显示:

(1) 睡眠质量为良、差的人居多,占 80% 以上。

(2) 睡前玩手机和游戏的人占 98%。

(3) 夜间睡眠不方便之处:起夜摸不到灯开关占 60%;夜间开灯,灯光突然亮起来太刺眼占 90%;灯光太亮,眼睛不舒服占 80%。

(4) 目前市场上床灯的优缺点:外观个性独特占 34%,开关灯不方便 52.3%。

2) 使用场景

适用于卧室床头,建议配合羊毛类或棉制类床上用品,卧室以浅色(白、米、灰、褐等)作为基调,搭配暖色系(红、橙、黄等;朝北较暗房间适用)或冷色系(朝南向阳房间适用)。

3) 应用构想

"宝莲灯"可以从晚上迎接用户的归来,到第二天清晨唤用户起床这一段连续的时间里,为用户营造一个温暖、舒适、和谐的睡眠环境。它柔情而不失风趣,温暖而透着可爱,为用户带来全方位的睡眠呵护。

"小宝"的三大功能分别是:电子助眠,睡眠守护和睡前娱乐、健康作息引导。

(1) 电子助眠

从视、听、嗅三方面呵护助眠及灯光唤醒。

视觉是采用暗红光在低的光照条件下,一种特定频率进行灯光亮灭的交替变化。听觉是在灯光助眠的效果下配合放松心情的轻柔音乐,灯光随音乐和谐变化。嗅觉是通过散发出清新的芳香气体,让用户达到视、听、嗅三种感官的舒适新享受,从而快速进入睡眠。

灯光唤醒是模拟自然唤醒,在设定好的闹铃时间的前半个小时,灯光开始由暗变亮,到闹铃设定的时刻,灯光达到最亮,铃声慢慢流出来,达到健康唤醒的目的。

（2）睡眠守护

从睡眠环境空气质量检测和守护两个方面展开。

空气检测是指"小宝"可以检测卧室的环境空气质量和温湿度,并可以在检测到甲烷等有毒气体时进行警报唤醒。

守护是指夜间感应开关灯。用户起夜时,灯会检测到用户的体位变化而渐渐变亮,当用户重新睡下后,会自动关灯,以此细腻贴心的设计来呵护用户的睡眠。

（3）睡前娱乐,健康作息引导

从灯光暗示和语音提醒来调整用户的作息规律,并且通过光随音动、灯光 DIY 和智能答话等加强灯的娱乐性,希望将用户从手机等信息流娱乐模式中吸引过来。

作息调整指遵从自然光变化规律来帮助用户培养正常作息规律,如图 1 所示。

图 1　"小宝"(此为"宝莲灯"昵称)使用场景展示

图 1 （续）

4）应用领域

"宝莲灯"主要应用领域是床头灯市场。在目前发展火热的智能家居产业的带动下,宝莲灯作为优秀的智能产品与家居用品有机结合的产物,在不断完善过程中可以拥有很大的实用价值和应用前景。

5）市场竞争

目前床头灯市场中有几款很有潜力的助眠灯：DreamLit 助眠台灯、Drift Light 智能助眠灯泡、Withings Aura 智能唤醒助眠灯等。

DreamLit 采用助眠曲线变化形式来改变灯光和音乐,具有两个按钮,通过长按、短按等控制灯光亮度与音量。虽然都专注于助眠,但和"小宝"相比,用户的学习成本高,而且除了专注的助眠功能,"小宝"还有独特的调光色功能、夜间睡眠守护以及语音或手机便捷控制的优点。

　　Drift Light 智能助眠灯泡神奇之处在于可以模拟自然界日落的效果。连续触动两次开关,灯泡会进入一个 7 分钟的缓缓变暗直到熄灭的过程,还可以作为一款夜光灯使用。然而这款市价 180 元的灯泡还需要买一个特定底座,而"小宝"不需要特定的底座,自成一体,而且从助眠时间等模式的自由设定与声控、手机控尤其是夜间呵护等来看,"小宝"还小胜一筹呢!

　　Withings Aura 智能唤醒助眠灯分为两个部分:位于枕头底下的小垫板能够检测用户的睡眠状态;位于床头的这盏灯则承担了"催眠"和"唤醒"的职责。在市面上属于比较优秀的产品,然而售价 299 美元让多少人开始质疑是否有必要?而"小宝"相比它来说更低价(成本价远低于千元机),而且语音控制、健康作息及娱乐引导等设计更人性化和便捷,而且相比专业检测心率运动等的 Withings Aura 来说,"小宝"更侧重于围绕睡眠给用户提供一个贴心的睡眠环境。

　　综上分析,"小宝"是更专注于睡眠、更精美、性价比更高的一款床灯。

3. 系统设计

1) 实现系统所采用的技术方案和技术亮点

　　功能上:针对现代人由于生活工作压力大而引起的失眠问题,"宝莲灯"通过对现代医学成果的应用以及音乐、灯光和助眠气味的配合,从视、听、嗅三方面实现促进睡眠的功能;同时,还具有人性化的灯光唤醒功能,让用户在早上避免被烦人的闹钟直接吵醒,给用户一天的好心情;此外"宝莲灯"还具备室内空气质量监测的功能,能及时地对家里的天然气泄漏及火灾等危险做出预警,让生活更加安心。

　　技术上:系统利用 ASR 语音识别技术以及 Windows Phone 语音识别能力实现外部语音控制功能;通过蓝牙通信技术,实现 App 对宝莲灯高效快捷的控制;利用人体热视红外检测技术,通过检测人体入睡之后的活动,判断人是否要起夜,实现自动亮灯。

2) 系统构架以及系统架构图

　　系统由两个部分组成:(1)运行在手机上的 App;(2)"宝莲灯"。可以通过语音识别模块实现对"宝莲灯"的直接语音控制,也可以在适合的时候用手机来控制"宝莲灯",实现一些数据交互,如图 2 所示。

3) 系统人机交互设计和主要界面

　　图 3 所示为"小宝"的风采照。图 4 所示为"小宝"的 Windows Phone 端 App,用于对"小宝"进行一系列的操作。

4. 系统环境

　　(1)系统软件环境:Windows Phone 8。
　　(2)系统硬件环境:Windows Phone 8 手机与 Windows 8 计算机。
　　(3)系统开发环境:Keil4,Visual Studio 2013。

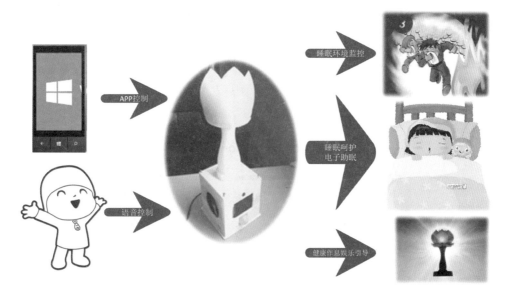

图 2 "宝莲灯"系统设计与功能图

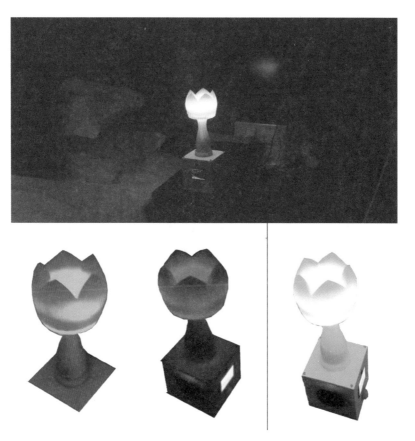

图 3 "宝莲灯"的彩色效果

图 4　Windows Phone 端 App 界面效果

5. 未来发展方向

1）技术发展方向

可以利用微软的语音识别技术提高语音识别的精确度。将这款设备做成家庭终端控制器,实现多方位的控制。

2）市场发展策略

现在社会的生存压力大,人们的睡眠质量不好,通过这款产品提升大家的睡眠质量,保证大家有充足的精力。产品的主要发展方向是智能家居市场,可以和几个发展智能家居的公司开展意向合作。

最佳创新项目 7　Link Wind

团队名称：冰菓

张洪川：天津师范大学，软件工程师 & Team Leader

戈弋：成都信息工程大学，产品经理

马浩然：天津师范大学，硬件工程师

夏飞：天津师范大学，网络工程师

1．系统主题

1）引言

Link Wind 是一款针对工业检测与智能硬件的软硬件与数据分析解决方案，面对物联网的大浪潮，给物联网等主流硬件公司提供数据传输、分析和展示服务。

Link Wind 并不是传统的平台式物联网数据平台，那样的数据平台没有办法为客户提供深入的服务，不能深入了解每一个企业主和农场主的需求，而且那些平台往往都是极客思维的产物，说不上简单易用。

2）选题动机与目的

在开发项目的过程中同苏州优必诺系统工程有限公司有一次合作，期间，优必诺公司的同事多次谈及现代工业自动化控制系统对于数据分析挖掘和现代客户端的需求，尤其是对智能手机客户端的需求。但是传统的系统工程公司的技术是围绕工业 PLC 搭建的，工业 PLC 虽然支持标准的接口输出数据，但是他们的技术人员对数据分析与客户端编程完全不了解，部分公司甚至需要将数据导出到 Excel 后再使用 VBA 宏编程进行数据处理，流程烦琐。

3）作品的背景

这个作品曾经在 2014 年获得了 Imagine Cup 的部分奖项，这一小小的成功促使我们继续在这个作品上努力挖掘出更多的新东西。同上一次不同的是，这次的作品加强了传感网部分，同时优化了客户端软件，增加了数据处理与分析的能力。

2．需求分析

1）概要

（1）实时数据监控与报警

PLC 将数据实时导入服务器，而服务器可以将数据实时发送至手机客户端，这是实现实时监控的技术条件，客户手持安装了软件客户端的智能手机或平板电脑，无论身在何方，只要网络通畅，都能第一时间接收到发来的消息。通过手机推送功能可以实现实时报警。实时报警既可以通过电话或短信的形式,也可以通过手机客户端推送的形式,多管齐下,保证第一时间让客户了解到自己的系统有异常情况。

（2）数据存储与分析

在数据导入到服务器后,将利用数据库软件将它们存储起来,并且根据客户的需求,对其中的数据进行分析,导出的结果是根据客户的要求已经分析好的结果。同时,数据也可以根据需求进行选择性的存储,例如一份数据保存 30 天,或者低于某个阈值的数据不予存储。

（3）兼容性强的数据接口

工业系统中涉及多种数据,不能指望用一个平台去兼容种类繁多格式各异的数据,所以才选择这种定制化的方法做一个工业数据和互联网标准数据的转换器,同时也满足不同客户多种多样的需求。

（4）多屏一云的跨平台客户端

在移动互联网的时代,智能手机和平板电脑在工作中扮演越来越重要的角色,我们为所有平台都提供了客户端,PC 将会通过网页提供。而三大智能平台都将开发对应的客户端程序。并且做到多平台风格界面基本统一,简单易用,易于迁移,数据源于一处,设置保存在云端,方便更换设备。

2）市场调查结论

中国作为世界工厂,企业数量巨大,同时大部分企业都需要创新转型,需要现代化的 IT 技术来帮助完成转型。借助物联网与移动互联的大浪潮,希望能够帮助企业升级自身的系统,同时也为自己和投资人创造财富。

3）竞争对手和竞争优势分析

市面上有很多物联网数据平台,但是他们都太过于强调平台属性,希望人人都能用,最后反而造成了绝大部分有迫切需求的企业家和农场主们难以获得有效的服务,这种数据平台是极客思维的产物,其并没有深刻了解用户的需求,这些平台往往是面向全国服务的,而对于稳定的工业自动化设备来说,就近搭建服务器才是最佳的选择。

3. 系统设计

1）实现系统所采用的技术方案和技术亮点

传感器网络采用 ZigBee 网络:超低功耗,支持自组网,方便部署。

服务器端采用微软云服务:稳定高效,性能强大。云平台提供二次开发功能,不仅方便开发者使用,而且可以和已有系统进行无缝整合,使得自己研发的硬件电路功耗、成本更低,拓展性更强。

2）系统构架以及系统架构图

系统构架及系统架构图如图 1 所示。

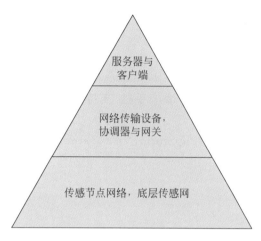

图 1　系统架构图

3）系统主要功能模块以及主要功能描述

底层传感网网络：将传感器数据进行收集并且模式转化后发送至协调器与网关。

协调器与网关：协调器接收节点数据后，将数据发送至网关，网关则将数据上传至云端。

服务器与客户端：接收、存储和处理数据，并且将数据传送至客户端，通过良好的 UI 展现给用户。

4）系统人机交互设计和主要界面

系统人机交互设计和主要界面如图 2 所示。

图 2　系统人机交互设计和主要界面

4. 系统环境

（1）系统软件环境：Windows Phone 8，Windows Phone 8.1，Microsoft Azure。

（2）系统硬件环境：Windows Phone 8 手机，支持浏览网页的手机、平板或者 PC 以及自主研发核心硬件电路。

（3）系统开发环境：Windows，PhpStorm，Visual Studio。

5. 未来发展方向

1）技术发展方向

未来技术发展方向主要为大数据挖掘、机器学习以及 M2M；提供更加精准的传感数据；硬件电路增强拓展性和稳定性。

2）市场发展策略

（1）通过数据共享，作为中间人负责为双方提供数据分析和数据挖掘的服务。

（2）与其他智能硬件企业合作，负责软件系统的开发与机器学习等具有较高难度的部分，获得共同的收益。

（3）同其他智能硬件合作，打造一个稳定、优秀的开源技术解决方案，从而对开发者产生一定的影响力，让自己的服务被广大开发者接受，获取直接收益，并且一旦方案逐渐变成行业标准，将可以有更多的渠道来获得收益。

（4）在企业服务的其他领域与别的企业展开合作，帮助他们改进数据接口，提供数据挖掘与机器学习的服务，共同为客户创造价值。

第三篇

世界公民

世界公民评分标准：

- 概念性(15%)：项目是否有清晰的市场和用户？项目是否清晰地阐述了需求、问题和商业机会？项目目标和基本功能是否容易理解？

- 影响力(50%)：项目是否具有现实意义？项目所具有的影响力有多大(影响的地域范围和人口数量)？项目试图解决的问题是否有难度和现实意义？项目在多大程度上解决了这个问题？针对现有解决方案是否有创新或者改进？项目或者团队是否引起合作伙伴的广泛关注，点燃希望、好奇和热情去解决问题？

- 可行性(20%)：解决方案是否容易使用？用户交互和视觉设计是否专业？解决方案性能如何？对输入数据的响应如何？解决方案是否选用了合适的平台，主要功能点是否合适？

- 可用性(15%)：商业模式是否有可实施的计划？是否有外部市场调查、焦点小组测试和beta测试？如何使用团队计划在市场竞争中获胜？

世界公民项目 1　Aphoto Series

团队名称：Angel's Heart Studio(AH Studio)

李石鑫鹏：长安大学，软件工程师 & UI 设计

1. 系统主题

1）引言

从小学到高中甚至如今的大学，每每看见老师们在讲堂上辛勤耕耘，不禁心下感伤；而当我的班主任只为做一张考卷而熬夜到很晚，就因为那几张专业图形必须手绘，有的彩图为了防止印坏而看不清，却又由于 Photoshop 太专业而不会使用，愁白了头；化学老师常抱怨没有专业的图片拼接程序，Photoshop 档次太高，Windows 的画图却又不能滤镜渲染；而物理老师又抱怨图太多却不知保存何处才易找易用，网上的物理实验室又不能以普通格式存储更不能插入课件，甚至一些电路图图标均要手绘，实在是麻烦至极；就连有几何画板的数学老师都对我说："你不是会编程序吗？弄个方便简单的绘画板，可以画一些简单的数学函数，几何画板的图不好做试卷。"

这么多老师都想有一款简单实用的绘画板，而同学们也想要一个方便简单处理照片的绘图板，如同 Windows 画图，基础但又功能强大。可是，现在即使是最亲民的美图秀秀也只能美化图片而没有绘图板功能，不符合当今中国使用者的习惯。于是便想制作一款如此的软件，不仅具有强大且专业的功能，而且可以满足各位中国使用者的习惯，Aphoto 就应运而生了。

2）选题动机与目的

现在的学校（以初、高中居多）均采用了电子白板教学系统来代替传统黑板的教学，不仅减少了维护成本，而且为实现电子化教学、减少粉尘污染有很深远的影响。但是，这些硬件提供商并没有相应的能力来改善用户的体验，不仅软件复杂难用，而且各软件制造商闭门造车，基本不能通用。最糟糕的是，除了上课其余时间都被闲置，即使想用，但家里没有白板，办公室也没有必需的硬件，不仅没有改善教学环境，反而给老师们无限添堵。

年长的教师不适应这种全新的改变，而年轻的教师则更希望能牵一发而动全身，一次性解决自己多方面的需求。就拿试卷制作来说，专业图片只能网上搜寻，不懂 Photoshop 的老师彩图打出来模糊一片，市面上根本没有此类软件来为老师实现综合的一键制作。

需求就等于市场，学校的教师有这种强烈的需求，软件开发自然也应该迎合市场。

该项目的目的，就是要为以老师和学生为主体的用户提供一个综合的解决方案，而无限扩展的 Aphoto 就能完美地满足所有的需求。

3）作品的背景

我们从来都不相信空想可以改变世界，只相信实践才是检验真理的唯一标准。所以，从

2011 年 2 月至今,Aphoto 已经从最先的 Aphoto 1.0(test)到现在最新的 Aphoto Series 11.8。我们不断试点,根据用户使用之后的体验报告持续进行修改和改进。从外观到功能,从标识到核心,每一个改变都经历过时间的考验,每一个细节都经过长久的更新和调试,例如新版的全拟物化图标代替了旧版水晶和玻璃图标,就是因为大量年纪较大的教师使用的时候更希望能在第一时间找到需要的功能。

现在市面上已有的电子白板功能单一,除了上课涂涂画画,就被闲置下来,配色更是奇葩,不是白加黑就是黑加白,老师学生都直呼亮瞎了眼!

而我们在收集了多位老师的使用反馈之后,选择了豆沙绿和嫩苗黄为主色调,在白板上显示清晰,自然保护视力,全方位自动调整的模式参数可以一键切换至上课或工作,再无后顾之忧。

另外,我们的官网早已上线,现在仍在正常服务中,同时也正在对它做一个全方位的升级策略,我们的产品是有用户基础的,并且以用户实际需求为出发点。

2. 需求分析

1)概要

(1)一键设置

上课、会议白板、平板、电脑的使用用户的习惯都是不一样的,我们从大数据用户获取使用习惯,内置参数,帮助用户只需一键便可以无忧学习、办公,真正实现全智能化的现代电子教学和无纸化办公。

(2)无限拓展

Aphoto 提供的不只是一款软件,而更像是一种系统、一种平台。支持用户对程序的功能进行自定义和修改,还可以通过官网的插件分享平台来实现更多的功能。当用户急需要一项额外功能的时候,与其从百度上搜寻其他软件,不如直接以原来软件的插件来实现,例如专业软件 Snaglt,该软件的酷拍插件完美实现了基本所有用户常用的功能,但大小不到 1MB。

(3)云的世界

官网提供了云图库分享平台,下一步将提供专门的图库 BBS 论坛,用户可以与自己相同职业、相同专业的人互相分享知识、图片以及插件,来轻松扩充用户的 Aphoto,帮助用户更加轻松地完成工作与学习。

(4)多模式全适配

由于用户需求不同,Aphoto 也提供了不同的界面帮助用户更简单地完成工作与学习,适配现在市场上所有的电子白板和以 Windows 8/8.1 为系统的平板电脑。平板模式下,自动切换 Metro 风格,与 Windows 融为一体。

(5)国际范中国芯

内置四种国际化语言,用户也可以从官网上或者自己制作语言包然后加入程序目录。同时,该软件内置了十四款皮肤,均支持 Aero 模式,内部代码全为手动编写,精准优化,抛弃 CPU,进入 GPU 时代!

2)使用场景

(1)学校

Aphoto 最新版本支持白板教学,可以利用电子白板代替普通的黑板,同时内部自带的灰度滤镜和可扩展工具箱可以辅助教师制作试卷和课件,专业的 3D Map 绘制器、统计图、方程顾问均可以在学习和生活中迅速提供帮助。由于整合度极高,这些功能完全不必要再次下载,随时使用,方便快捷。

(2) 办公

利用本软件解决工作中的难题。该软件自带 Mini AE 插件,以最小的内存、最基本的功能和可任意调整的尺寸轻松帮助用户完成参照任务。同时,自带的 AH 酷拍不仅拥有多达六种截图方式,同时可使用鼠标记录器帮助用户从机械化的操作中解脱出来,让电脑真正全自动办公。

(3) 家庭

该软件内置 AH Sky Voice、超级计算器、美图滤镜等一系列优秀插件,操作简便,UI 拟物直观,自带的案例演示视屏可以最大程度上解决中老年人使用本软件的不便,案例演示视频相当于手把手教用户如何操作,每个功能在鼠标移上去的时候也有详尽的提示。

(4) 非中文使用者

非中文使用者同样可以轻松使用本软件,软件内置英语、日语、意大利语和中文四种语言,在总设置里可以实时切换,更有多达八套精美皮肤随时切换,即使在 Windows XP 这种不支持玻璃效果的系统中也可以体验 Aero 的炫彩魅力。

3) 竞争对手和竞争优势分析

(1) 教学与试卷制作

优势:市场上没有综合性类似的软件,像 Windows 画图一般的简单操作,基本适用于绝大多数用户。

劣势:后期将三种模式分为三个程序,以帮助用户直接下载单独功能。

(2) 无限拓展接口

优势:Windows 平台程序全部支持,包含各类程序及图库。

劣势:没有统一的管理平台,如果成立公司,将建立专门的插件商店,来保证插件的安全性。

(3) Aphoto Looker 图像浏览

优势:与 Aphoto Editor 紧密结合,启动简单快速,占用空间极少,功能极为强大,并独创快速压缩模式,瞬间将 16.2MB 的照片压缩到 1MB 以内。

劣势:压缩技术还未内置于 Aphoto Editor,仅在 Looker 中使用,与程序一同安装可能会出现与部分国家反垄断法相违背的问题。

(4) 媲美 Photoshop 的滤镜和专业功能(例如 3D 地图制作)

优势:将抽象的滤镜功能用图片案例表现出来,并辅以半自动参数设置,快速帮助用户解决专业问题。

劣势:滤镜功能暂未支持自由扩展。

3. 系统设计

1) 实现系统所采用的技术方案和技术亮点

基于 Windows 桌面系统,并且广泛适应碎片化的 Windows 使用习惯,利用自编的图像处理代码,实现滤镜功能以及特殊绘图功能。使用 Windows 画图设计徽标、Windows 记事本设计注册表和配置文件,并且制作特殊内置字体 AH·Font 佳作——标黑和书隶黑。全部手写编辑纯手打代码,精简优化更新累计上亿次,使得处理代码极为精简。

2)系统构架以及系统架构图

系统由三个部分组成:

(1) Aphoto Editor(主程序)如图 1 所示。

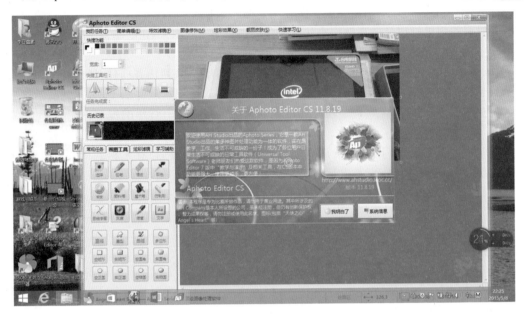

图 1　Aphoto Editor CS

(2) Aphoto Looker(看图程序)如图 2 所示。

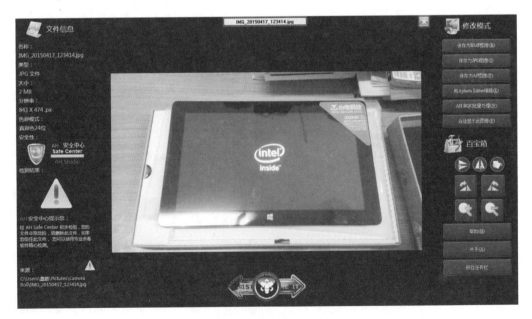

图 2　Aphoto Looker CS

（3）插件系统如图 3 所示。

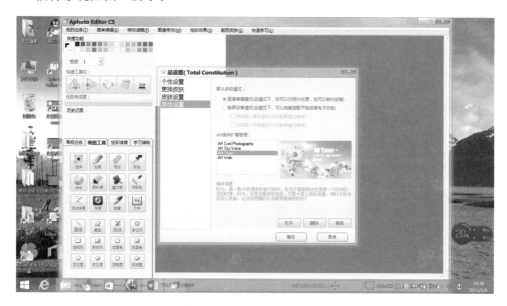

图 3　Aphoto Plug-in System

3）系统主要功能模块及系统人机交互设计

交互式体验有三种不同模式：

（1）平板模式支持市面上所有 Windows 桌面系统，如图 4 所示。

（2）模拟黑板模式（电子白板模式）如图 5 所示。

 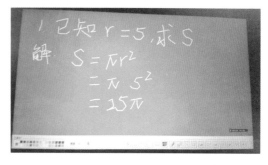

图 4　运行在平板上的 Aphoto 平板模式　　　图 5　运行在电子白板上的 Aphoto 模拟黑板模式

（3）PC 工作台模式如图 6 所示。

（4）官网交互模式如图 7 所示。

4. 系统环境

（1）系统软件环境：Microsoft Windows 2000，Windows XP，Windows 7，Windows 8，Windows 8.1。

（2）系统硬件环境：高于 Windows 2000 的桌面系统的电脑、平板或者手机（部分特殊功

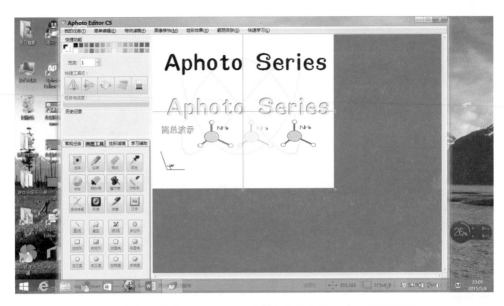

图 6　运行在搭载 Windows 8.1 的 PC 系统上的 Aphoto 完整模式

图 7　官网交互系统

能需要网络、影音环境、电子白板硬件等外接设备的支持)。

（3）系统开发环境：Visual Basic 6.0、Windows 记事本、Windows 画图等。

5. 未来发展方向

1）技术发展方向

未来将实现模式分割,按照用户需求让用户 100% 自定义软件,包括软件的布局、滤镜的增添等,并且用外接程序的方式让普通用户迅速导入新的图库和插件,并且将联合 Office 开发关联工具,一键生成试卷或者专业报表。

2)市场发展策略

在本次"创新杯"中,评委推荐了盈利模式,因此我们决定以免费方式投放软件,而插件和图库进行定价和收费,并制作插件应用商店来实现盈利。

3)推广策略

以免费形式推广到学校,之后在特殊功能和皮肤上进行定制收费,由学校拨款统一下载需要的插件即可。

世界公民项目 2　PersePhone

团队名称：Blue-Sky

吴金波：中南民族大学，项目负责人，系统架构师

江琨：中南民族大学，测试工作

姚康华：中南民族大学，文档经理

1. 系统主题

1) 引言

据调查，目前全世界有 3.6 亿人具有听力障碍，其中有将近 2100 万来自中国。手语是听力障碍人士之间沟通的主要工具，然而由于大部分人都不懂手语，使得聋哑人士和普通人之间交流十分困难。基于这种状况，本着以人为本、让科技关怀人文的理念，本项目致力于为听力障碍人士提供便利，帮助他们更好地与普通人交流。众所周知，听力障碍人士与普通人之间由于语言差异，一直以来都存在着沟通的隔阂。然而每个人的内心都是渴望交流的，听力障碍人士也不例外。如果能有一种翻译工具可以将手语翻译成口语同时也可以将口语翻译成手语，那么听力障碍人士与普通人之间的沟通隔阂就能被打破，一定会大大改善他们的精神生活，给他们的生活带来更多快乐。抱着这样的目标，我们结合微软的 Kinect 体感设备和 Unity 3D 游戏引擎设计了此套手语-口语实时翻译软件，希望能给听力障碍人士提供帮助。

2) 选题动机与目的

据最新资料统计说明，我国听力语言残疾居视力残疾、肢残、智残等五大残疾之首，有 2057 万人，占中国人口总数的 1.67%，其中 7 岁以下儿童约为 80 万人。

据统计，我国聋哑症的发病率约为 2‰，按年均人口出生率计算，连同出生后 2～3 岁婴幼儿，每年总的群体达 5700 万，听力损伤的发病人数约为 17 万。我国每年有 2000 万新生儿出生，约有 3 万新生儿听力受损。

无法像正常人一样交流沟通造成了他们工作、学习、娱乐、就医、维权等生活状态的混乱，许多低文化聋哑人甚至面临生存的危机。曾经社会的忽略不仅让他们在日益激烈的社会竞争中处于被动、尴尬、自卑的角色里，更使一些人在困窘与寂寞中走上了违法犯罪的道路，聋哑人生存现状堪忧。随着以科学发展观构建和谐社会的脚步的迈近，全国"关爱弱势群体，呼吁人文关怀"的号召，也惠及聋哑群体，作为弱势群体的聋哑人也越来越受到社会各阶层的关注。

党和政府对盲聋哑残事业十分重视。因为盲聋哑工作的国际性比较强，是体现我国社会主义制度优越性不可忽视的窗口。随着形势的发展，在重点抓好国内工作的前提下，积极主动地开展外事工作，并着眼于吸取国际的有益经验，加强国际合作，更好地为促进我国的盲聋哑事业服务，这也是今后外事工作的改革方向。

有关部门还指出，对外工作主要是介绍宣传我国盲聋哑事业的新成就、新经验，提高我国

在国际上的地位,扩大我国的国际影响。另外,还要注意学习和了解外国的先进技术和先进经验,向国家相关部门介绍和推荐,做到"洋为中用"。在条件允许的前提下,还要加强国际间的合作,争取国外对我国经济和技术上的支援和帮助,使我国盲聋哑事业在辅助器械的研制、盲聋的防治以及特教事业上逐步赶上世界先进的水平。

如何实现这些美好的愿望,实现聋哑人与正常人之间的交流才是关键。

随着这种趋势的发展,将来除了听力障碍人士外,还会有大量对手语有特殊需求(包括手语教学者)的人出现。面对如此庞大的用户人群和用户需求,本项目瞄准用户需求,为聋哑人与普通人之间的交流提供一种更加便捷轻松的途径。

3) 作品的背景

基于体感技术的"Kinect 智能手语翻译"软件的构架紧紧围绕着其项目功能和项目价值进行设计,突出"真实化"、"智能化"和"人性化"的特点。在实现用户期望的基本功能基础上加上我们想到的一些亮点功能,来帮助用户实现利用 Kinect 体感设备检测手部动作和语音,将游戏与手势完美相结合,让听力和语言障碍者能轻松地和他人交流之余,也可通过体感游戏进行休闲娱乐。

在 Kinect 的研究上,我们已获得两项软件著作权,分别为"基于 Kinect 的手势集应用软件[2012SR130761]"和"体感俄罗斯方块软件[2012SR130764]",这也为该项目的顺利进行奠定了一定的技术基础。

2. 需求分析

1) 概要

(1) 手语翻译

手语翻译功能是在用户界面,用户单击"手语翻译"按钮,系统直接启动"手语翻译"进程,随后进入"手语翻译"界面。用户只需要在 Kinect 前面做出相应的手语,系统便能自动捕捉并将其翻译从而以文字和语音的方式展现出来。

(2) 口语翻译

口语翻译功能是在用户界面,用户单击"口语翻译"按钮,系统进入"口语翻译"界面。用户可以选择使用文字或者语音的方式输入需要翻译的文字,单击"翻译"按钮后 3D 虚拟人物就会将文字自动转化为手语展示给用户,相当便捷。

(3) 练习系统

练习系统功能是在用户界面,用户单击"练习系统"按钮,系统进入相应界面。用户通过观看 3D 虚拟人物所做的手语动作来分辨出其对应的手语意思,然后系统会对用户的分辨结果做出判断,通过直观简洁的流程让用户更好地学习手语。

(4) 自定义手语

自定义手语功能是在用户界面,用户单击"自定义手语库"按钮,系统随即进入"自定义"界面。用户在"自定义"界面首先单击"录制"按钮,系统直接启动"动作录制"进程,录制完毕后再回到"自定义"界面的文本框里填写对应的手语意思,然后单击"提交"按钮,系统就会自动保存。在后期的翻译过程中便可以使用已保存的手语了。

（5）娱乐模块

娱乐模块功能是在用户界面,用户单击娱乐模块按钮,系统会直接进入游戏界面(初期项目暂只支持一款体感游戏)。用户通过向系统发送手语指令,来控制游戏主角。手脑并用,在娱乐中也能学习到手语知识。

2）项目亮点

（1）改善听力或语言障碍者的生活

本项目创新性地将体感与虚拟现实技术运用到手语翻译上,为听力或语言障碍者和普通人之间的交流搭建了一座桥梁。有了这款软件,他们的生活将不再孤单,此软件也会让更多的人觉得手语的学习更加简单。本项目的宗旨也正顺应了以人为本的社会发展趋势。

（2）有助于提高我国的国际地位

党和政府对盲聋哑残事业十分重视。因为盲聋哑工作的国际性比较强,是体现我国社会主义制度优越性不可忽视的窗口。有关部门还指出,对外工作主要是介绍宣传我国盲聋哑事业的新成就、新经验,提高我国在国际上的地位,扩大我国的国际影响。而本软件的主旨就是关爱残疾人的生活,所以本软件的产生将在一定程度上提升我国在残助事业上的影响力。

（3）促进社会和谐

本软件利用了当前较为新颖的体感技术,并且创新性地与游戏引擎相结合,彰显了科技关怀人文的理念。通过改善听力或语言障碍人群的生活,将会间接性地带动更多的人关爱社会上的残疾人士,使得社会更加和谐。

关爱弱势群体既是中华民族的传统美德,也是人类进步科学发展的前提,只有人类的思想纯正了社会才能健康发展,所以关爱残疾人并不单单是一个家庭、一个孩子的事,而是需要整个社会、整个国家共同努力!

3）项目创新点

（1）功能层面

- 该软件创新性地将体感技术运用到了手语翻译中。使用微软的 Kinect 体感设备对人体的动作进行捕捉,再通过大量的算法和数学模型对动作进行识别并翻译。
- 该软件拓展了 Kinect 的功能。众所周知,微软的 Kinect 无法识别出全部手指的骨骼。而在本项目中,通过调用 OpenNI＋NITE 和 OpenCV 的接口以及使用大量算法,实现了利用 Kinect 对手指指尖的识别,极大地拓展了 Kinect 的功能和应用领域。
- 该软件支持用户自定义手语库,极大地提高了产品的适用面。手势动作有很多,在不同的情况下,相同的动作可能代表着不同的含义。用户可以用本软件来录制一段动作,并赋予它特殊的"含义",这样用户可以在需要使用这种特定的手势时使用,应用前景极其广泛。
- 该软件利用支持手语指令的体感游戏让用户在休闲娱乐中仍能学习到手语。因为用户在玩游戏的时候需要通过向系统发送手语指令才能控制游戏主角,这不仅能增加游戏的趣味性还增加了实用性,可谓是为这款软件以及使用者量身打造的。
- 该软件简单易用。本软件采用了大量新颖的技术,使得在常人眼里复杂的手语翻译流程变得异常简单,彰显了科技改变生活的理念,也符合国家发展的需要。

(2) 非功能层面

- 项目亮点主要是在手语-口语互译的软件中加入练习和娱乐模块,可以吸引更多对手语有特殊需求的人加入到用户群中,并且通过自定义手语可以让产品适用于几乎所有需要使用手语的场景。
- 该软件无形中对体感技术进行了一次普及。将体感这一技术用于手语-口语识别中,让更多的人了解到了体感这一新颖的技术。
- 该软件颠覆了传统。颠覆性地让手语-口语之间的互译变得智能化,让听力或语言障碍人士与普通人在近乎自然的情况下实现正常交流,实现了又一种语言之间的智能翻译。

3. 系统设计

本项目借用 OpenNI2、NITE2、OpenCV、Unity 3D 与微软 Kinect,通过调用 OpenNI2+NITE 与 OpenCV 的接口结合 Kinect 实现对手指和动态手势的捕捉。通过 Unity 3D 的动画系统调用大量的手势动画来实现口语到手语的翻译,通过借助 Kinect 2.0 的手势帧来实现对手语库的扩充。同时为了满足大量正在进行手语学习者的需求,还设计了练习系统和娱乐模块,用户可通过练习系统和有趣的体感游戏来更好地学习手语。

(1) 手语翻译

用户单击"手语翻译"按钮,"手语翻译"进程启动后,用户在 Kinect 面前做出相应的手语动作,系统就会自动识别并将文字显示在一旁的文本框内,同时还会以语音的方式展现给用户,如图 1 所示。

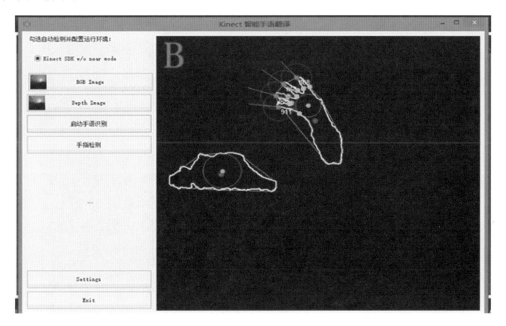

图 1　手语翻译

（2）口语翻译

用户可以选择文本或者语音的形式向系统输入需要翻译的内容，然后只需单击"翻译"按钮，系统的 3D 人物就会做出相应的手语动作，翻译过程非常简洁方便，如图 2 所示。

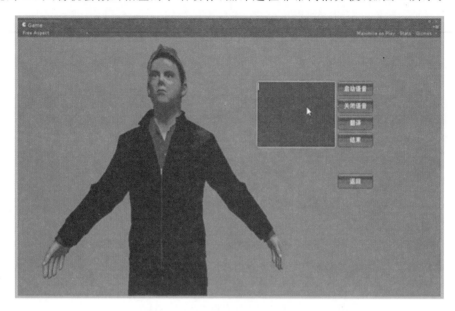

图 2　口语翻译

（3）练习系统

用户单击"开始"后，系统会按照一定顺序选择一则手语的动画并播放出来，用户可以根据动画判断相应的手语意思并选择，系统会做出判断。简单易用，适合大多数人的日常学习，如图 3 所示。

图 3　练习系统

（4）自定义手语

用户在"自定义手语库"界面只需单击"录制"按钮，"手势录制"进程即可启动，视频录制完毕后，通过算法处理加入到程序中，关闭录制进程并在"自定义手语库"界面的文本框内填写对应的文字意思，然后单击"提交"按钮，自定义的手语便自动保存了。过程同样简单易用，如图 4 所示。

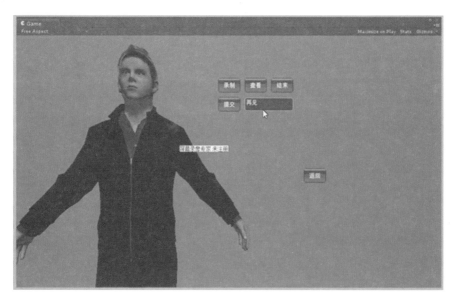

图 4　自定义手语

（5）娱乐模块

本功能是让用户可以在玩体感游戏的过程中学习到手语知识，增添了手语学习的乐趣，如图 5 所示。

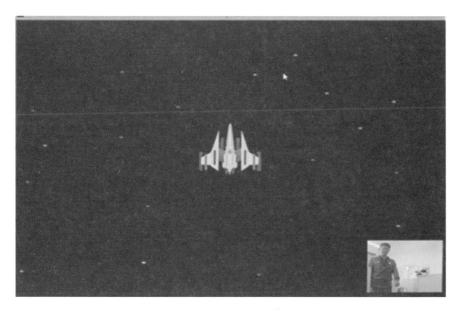

图 5　娱乐模块

4. 系统环境

(1) 系统软件环境：Windows 8.1。

(2) 系统硬件环境：PC,Kinect。

(3) 系统开发环境：Visual Studio 2013,Unity 3D。

5. 未来发展方向

进一步提高手语识别的精度,引入动态手语的识别,完善自定义手语库的功能,进一步提升界面的友好性,形成一套完整的以手语-口语互译以及学习相结合的系统。

世界公民项目 3　The Future Home

团队名称：For Our Dream,南阳理工学院
张文博：南阳理工学院,软件工程师及产品经理
朱云飞：南阳理工学院,设计师
赵海洋：南阳理工学院,硬件工程师
马万里：南阳理工学院,软件工程师
李海波：南阳理工学院,指导老师

1. 系统主题

1）引言

每年的家庭火灾、煤气泄漏与入室盗窃造成的财产损失不计其数,而这些灾难往往是可以避免的,但却因为主人不在家而使本可以避免的灾难扩大化。本系统的诞生就是为了让用户能时时刻刻掌握家庭的情况,一旦出现险情可以通过手机进行相应的操作阻止灾难的发生。

2）选题动机与目的

智能家居作为一个新兴的概念,关于智能家居的研究刚处于起步阶段。国内尚没有一个完整成熟的同类产品出现,市场仍然处于真空状态,潜力不可估量。在我们团队的计划中,未来的家应该是安全的、舒适的、智能的。一个完美的家必须是以安全为前提的,安全是家庭最重要的属性,而现在的生活状态是人们多数时间都是在工作岗位或者室外的娱乐场所,待在家里的时间并不多。所以我们在老师的指导下做了一款可以远程监控家庭状态的智能家居系统。

2. 需求分析

1）概要

本系统可以实现的功能有：

（1）随时掌握家里的详细信息。中控主机上的传感器实时采集家里的数据并传输至 PC 端程序,然后转发至 Windows Phone 端程序上。

（2）防范火灾。当家里出现火灾等险情时,传感器采集到的烟雾浓度、CO 浓度、温湿度、天然气浓度等都将处于不正常状态,PC 端程序在接收到这些不正常状态时会立刻给手机发送推送,用户在接收到推送之后可以通过手机切断家庭的总电源,并立即报火警。

（3）防范煤气泄漏。天然气检测模块时时刻刻检测室内的天然气浓度,当天然气浓度过高时手机会收到对应的推送,用户可以断掉家庭电源来防止意外的发生。

（4）防止入室盗窃。人体红外感应模块会感应到是否有人进入室内，当其感应到有人进入后会立刻通知用户，并记录下出入的时间。当用户感觉该人的进入时间过于可疑时，用户可以立刻按动"警报"按钮，控制中控主机上的警报器，对入侵者发出警告。

（5）远距离控制家电开关。无论是出门时忘记关掉电灯还是家里出了意外需要紧急断电，只需要打开手机 App，便可以立马完成，简单易用。

2）使用场景

（1）在办公室内控制室内电器

大家经常会因为各种原因忘记关闭家里的电器，到了工作岗位时才突然想起，但却无能为力，只能自怨自艾，将导致全无工作热情。而有了我们的系统这些全都不是问题，一个虚拟按钮轻松解决。

（2）在外旅游时刻掌握室内数据

在外旅行时最放心不下的就是家里的安危。在使用我们的系统后，无论在哪里，只要有网络用户就可以立刻获得所有的室内数据。

（3）竞争对手和竞争优势分析

现在国内外的智能家居产品多使用 ZigBee 数据传输协议来组建家庭网络，而 ZigBee 数据传输协议最大的缺点就是不能与 Wi-Fi 共存，在现在的社会中没有 Wi-Fi 是不敢想象的。所以我们决定使用另外的方法来解决这个问题，于是想到了蓝牙，虽然蓝牙的传输距离并不长，但是对于一个家庭的房子来说是足够了。下面是几个现有的智能家居产品与我们系统的差别：

i. 海尔 SmartCare 智能套装：仍然处于众筹状态，实际产品仍未出现在市场上。整套设备通过专门制作的智能网关连接到网络，产品报价 899 元人民币（只是一部分功能，添加功能需要额外缴费）。整套设备必须是全部定制的海尔家电。

ii. 爱·家维纳斯智能家居系统：整套系统需要单独定制，硬件功能丰富但是软件并没有集成为一体，需要下载多个软件来实现其相应功能。

iii. 国外的 Control4 智能系统：整个系统都需要私人定制，更能满足用户的需求，但是造价高得离谱，基本属于富豪专用。

3. 系统设计

1）实现系统所采用的技术方案和技术亮点

PC 端程序通过串口通信与中控主机上的蓝牙模块互相通信获取数据，PC 端程序在收到相应的程序后会立刻将数据通过网络转发至手机端上，手机端可以通过网络告知 PC 端程序用户想要进行的操作，PC 端程序再通过串口通信控制中控主机实现相应的操作。

2）系统构架以及系统架构图

系统主要分为三个部分：

（1）中控主机；

（2）PC 端程序；

（3）Windows Phone 端程序。

架构图如图 1 所示。

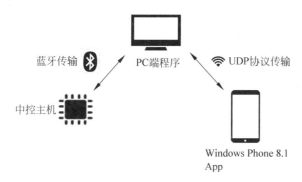

图 1　系统架构

3）系统主要功能模块以及主要功能描述

（1）中控主机

硬件电路板采用 STC12C5A60S2 为主控芯片，采用 NOKIA5110 液晶屏进行显示，由 5 伏电压芯片进行电压转换，传感器主要有 MQ-4 天然气传感器、MQ-2 烟雾传感器、MQ-7 一氧化碳传感器、HSR-05 人体红外传感器和 DHT-11 温湿度传感器，这些传感器模块用来采集信息；还有蓝牙模块用来传输数据，外接有报警模块和控制灯的打开关闭等模块。

在使用中主要考虑单片机的总线速度和外设功能，这款单片机不仅满足我们的要求，而且价格便宜，运行稳定。另外有晶振起振电路和复位电路；用液晶屏显示有关数据，不仅可以随时看到数据，而且还方便调试，MQ 系列的传感器主要运用 AD 采集电压。采用 C 语言在 Keil 里面进行编译。

（2）PC 端程序

PC 端程序为 Winform 程序。

数据传输是建立在硬件上的蓝牙模块与 PC 端的数据传输，通过 Serialport 端口进行实时传输，软件中采用了 C♯的时间委托机制进行接收蓝牙传输的数据。

PC 端接收到数据后会将接收到的数据进行处理后显示在软件界面中，并立即通过 UDP 协议转发至 Windows Phone 端的 App。

PC 端程序可以直接通过蓝牙来控制中控主机上的警报器以及连接在中控主机上的各种电器。

（3）Windows Phone 8.1 App

手机端程序为 Windows Phone 8.1 程序。

手机端通过 UDP 协议与 PC 端程序相互连接，可以随时随地获取中控主机所收集的室内温度、湿度、CO 浓度、天然气浓度、烟雾浓度等数据。

当家里有人进入或者室内温度、烟雾浓度、CO 浓度等数据过高时，Windows Phone 手机会立即获得相应的推送。

手机端可以控制家庭内的警报器以及连接在中控主机上的所有电器。

4）系统人机交互设计和主要界面

（1）中控主机

工作中的中控主机可以通过分布在其上面的传感器来获取室内数据，也可以控制连接在其上的电器开关，如图2所示。

（2）PC端程序

PC端程序上面显示有中控主机所采集到的一切数据，同时添加有灯泡开关以及警报器开关等按钮，如图3所示。

图2　布满探测器的中控主机

图3　运行中的PC端程序

（3）Windows Phone 8.1 App

Windows Phone端程序上面显示有中控主机所采集到的一切数据，同时添加有灯泡开关以及警报器开关等按钮，如图4所示。

图4　运行中的 Windows Phone 8.1 App

4. 系统环境

（1）系统软件环境：Windows Phone 8.1，Windows 8.1。

（2）系统硬件环境：支持蓝牙连接的电脑，Windows Phone 8.1 手机。

（3）系统开发环境：Visual Studio 2015 预览版，Keil。

5. 未来发展方向

1）技术发展方向

（1）使中控主机可以更深层次地控制更多的家电。

（2）软件方面制作出一个具有语音识别等功能的人工智能管家。

2）市场发展方向

（1）与众多房地产商合作打造出一个又一个智能化小区。

（2）将中控主机的制作交给可靠的代工厂。

世界公民项目 4　eDentist

团队名称：Geek&Dentist

李洪锐：四川大学软件学院，产品经理

穆乐文：四川大学软件学院，软件工程师

何晨：四川大学软件学院，算法设计师

张博：四川大学华西口腔医学院，医学顾问

赵辉：四川大学，指导教师

1. 系统主题

1）引言

口腔疾病是目前人类最常见、最高发的慢性传染性疾病，没有一个国家、地区、种族、性别、年龄的人群可以幸免，可以说每个人都处于罹患口腔疾病的危险之中。而目前已经公认，口腔疾病对健康有着重大影响，可能会诱发和加重很多系统性疾病，如缺血性脑中风。

而在作为发展中国家的中国，民众保护口腔健康的意识较差，第三次全国口腔健康调查结果显示，绝大多数人是出现症状后才去就诊，其主要原因是疼痛，占总就诊人数的 76.49%，自述有牙龈出血现象者有 45.03%，刷牙时有牙龈出血现象者有 71.08%，但就诊者极少，仅占 2.80%，一年以上时间未就医者高达 75.43%。所以我们的项目针对性地开发了移动客户端、PC 医生端、智能硬件和云端。移动端配合外设为用户提供便捷专业的口腔疾病检测、温馨准确的口腔护理建议以及口腔知识的介绍与普及。

2）选题动机与目的

现在正处在一个移动时代，移动智能手机的普及已经改变了人们的生活，随着手机性能和操作系统的不断加强，手机的功能已经十分强大，加上其便携的特点，成功成为很多应用优秀的载体，所以我们的项目针对性地开发了移动客户端、PC 医生端、智能硬件和云端。移动端配合外设为用户提供便捷专业的口腔疾病检测、温馨准确的口腔护理建议以及口腔知识的介绍与普及。当前医疗仪器市场展现出高利润、高门槛、低竞争的特性，一个口腔牙片机市场价至少为 17000 元人民币且体积巨大，而我们制作的便捷外设只要 100 元人民币，且体积非常小巧。

3）作品的背景

在今日数字化浪潮如日中天之时，各个传统行业都开始了自己的数字化与互联网化发展。移动设备与智能手机的不断强大促使着全民医疗也将向着便捷化、个人化发展。口腔问题一直被世界卫生组织列为三大重点防治疾病之一，然而由于发展中国家民众意识不到位，信息来源少,难以做到定期检查和适时治疗。因而当前我们迫切需要这样一个便捷的口腔自我诊断解决方案。它使用简单,成本较低,通过模式识别的方式初步诊断口腔问题,并提醒用户前往最近的口腔医院就诊,并且提供一键预约功能。

仅就中国而言,有 98% 的人存在口腔疾病,复发性口腔溃疡患者有 1.59 亿之多,然而前去就诊的仅占总数的 2%。"牙疼不是病"的观念在中国甚至世界范围内许多发展中国家都为人们在潜意识中所接受。健康是所有人应当享有并追求的权力,我们希望能够凭借该手机软件连接患者与医院诊所。以简单的操作和便捷的预约体验让每个人重拾口腔健康意识,并为促进世界口腔健康的发展贡献力量。

2. 需求分析

1）概要

（1）计算机视觉识别模块

因为识别口腔内的环境、牙齿、牙龈以及进行颜色比对是一件较为困难的事情,所以我们一并开发了配套硬件,集成标准比色卡、摄像头、闪光灯、二维码辅助定位和开口器的一体化解决方案,来获取相对标准的图像并进行处理。使用 Adaboost 算法来对分类器进行训练,使之能够检测并识别出一些特定牙齿,通过开口器上集成的标准比色卡和二维码来确定口腔内的基本坐标,辅助确定牙齿位置和牙龈颜色。

（2）牙齿识别

首先,对于所获得的图片而言,怎样处理其维度问题是十分重要的。我们必须尽量减少过多维度带来的性能消耗。由于并不是每一个维度都是有效的,于是采取 PCA 算法（Principal Component Analysis）,尽可能地将一组有关变量变为更小的无关变量。高维度的信息大多由大量的有关变量组合而成,有效的无关变量部分就非常少,而这种方法能够找出整个图片中最有效的无关变量,也就是关键部件。

因为采用分类器的方式识别牙齿存在着坏牙难以识别、工作量大等问题,所以采取部分牙齿进行识别,并根据相对位置判断其他牙齿位置的方式来减轻工作量同时提升识别能力。采取 Adaboost 算法训练 Haar 分类器,并导入 900～1000 个正样本和 2000 个负样本。

（3）模糊理论

由于口腔疾病情况较为复杂,仅仅凭借照片就完全确定一个人的口腔问题可能会出现偏差。就当前可以判断的龋齿而言,色素沉淀和牙齿酸蚀都有可能导致出现黑斑,在不同个体复杂的口腔环境情况下,有可能会出现误诊。因而采取模糊理论来将在该表现下可能的疾病分配以不同的比重提交给用户。系统默认将比重最高和最有可能的疾病记录到用户病历中,用户可以根据自己的情况更改。

建立多种疾病特征库来对特征进行比对,当前特征符合某一特征库的特征越多,其疾病比重就占得越多。

（4）LBS 搜索服务

LBS 技术即基于位置的服务,是指通过电信移动运营商的无线电通信网络或外部定位方式,获取移动终端用户的位置信息,在 GIS 平台的支持下为用户提供相应服务的一种增值业务。以 O2O 为业务模式的平台同时还能为用户推荐附近的口腔医院,设有预约功能,实现线上诊断,线下治疗。

（5）医患即时通信功能

一方面,机器识别算法有其准确性的上限,并且有一些疾病目前还不能简单地通过计算机视觉的方式进行诊断。另一方面,用户最终还是需要回归线下治疗,这也是我们系统最终的目的,所以该系统为医患之间的沟通交流提供了一个即时通信的平台。移动客户端与 PC 医生端形成 P2P 虚拟内容社区,用户可以通过即时通信模块直接与医生沟通,上传自检照片和病症描述。医生则可以在 PC 医生端注册登录后查看到这些信息,并给出建议、安排会诊等。

2）使用场景

（1）家庭诊断

人们可以以家庭为单位,只要有一个能上网的路由器,将其刷入我们的固件或者直接购买配套智能硬件,该系统即可作为智能家居的组成部分。

（2）欠发达地区以及医疗资源极度匮乏的地区

志愿者可以将该系统设备带往该地区,为当地人群进行一次大批量口腔检测。

（3）区域性病患数据分析

该系统可以大批量收集用户所在地区、疾病等非隐私信息,作为大数据医疗的背景数据支持,将这些数据提供给学术机构、医院、预防医学等机构来进行分析研究,并有针对性地为地区提供健康策略。

3）竞争对手和竞争优势分析

（1）101 健康管理等单方面提供健康建议的手机软件

该类软件相当于一个电子版的健康手册,用户可以根据需求选择相应的分类并查看对于日常生活或某项疾病防治的意见。

（2）GINGER.io 等根据用户输入的信息预测健康隐患的手机软件

用户根据自己的情况以类似于填写调查问卷的形式获得对于自身健康状况的评价,并可以得到一些对应的建议。

（3）分子运动等要求与用户互动完成一些运动的手机软件

这类软件将健康融入体感游戏当中,可以让用户按照要求拿着手机做出一系列要求的动作以达到健身的效果。

（4）健康闹钟等通过定期提醒督促健康行为的手机软件

可以定期提醒用户喝水、进食或起身运动的软件,允许用户的个人定制。

事实上,真正针对口腔问题的手机软件并没有出现,在市场上仍然是一片空白。而以上健康诊断软件并没有与实体医疗产业与保健行业切实挂钩,一方面没有给出充分实际的解决方案,另一方面其权威性可能存在疑问。而在医学与健康领域十分忌讳盲目自诊。

另一方面,医用检查仪器一直是一个高利润、高门槛、低竞争的领域,一个普通的牙片机的市场价是 17 000 元人民币起。而我们的口腔扫描硬件价格低得多。虽然功能并不足够全面，但是绝对能够让每个人在任何时间、任何地点都能用且支付得起。

基于以上情况，便捷的口腔健康解决方案成为一个亟待解决的问题。

3. 系统设计

1）实现系统所采用的技术方案和技术亮点

本系统是一款在 Windows Phone 8.1 平台上开发的基于计算机视觉与模式识别的健康监控软件，旨在通过模式识别帮助用户了解自己可能存在的口腔问题，并提供便利的解决方案，让用户养成重视口腔卫生的意识与习惯。系统的主要功能有 4 部分：识别上传图片鉴定口腔问题、针对性健康意见和产品推送、查找周围医院医生并和医生通信联动。

本应用程序当前需要与我们开发的硬件一并使用，硬件中刷入自制的 OpenWrt 固件。当用户打开本程序时，可以看到自己以前记录的疾病名称以及发现日期。用户按下"检测"按钮后，软件就会自动与硬件适配并引导用户拍出合适的照片。照片会被初步压缩并发送到云端分析，采用 Azure 云服务，上面运行着计算机视觉算法，通过 Haar 特征提取方法，收集了 2000 张牙齿照片。利用 Adaboost 方法进行级联分类器训练，形成牙齿识别器。在识别到牙齿后，再通过更多深入的算法帮助诊断口腔内的问题。分析之后便会给用户一个反馈，包括可能出现的口腔问题，当前可以检测出不同部位与严重等级的龋齿、牙龈炎和口腔溃疡（复发性）。在分析出可能的问题后软件会记录在用户个人病历中，并会根据具体情况给出建议以及周围医院并提供预约功能。

2）系统构架以及系统架构图

系统由三个部分组成：（1）运行在手机上的 eDentist 软件；（2）为医生组建的医生端 eDentist for Doctor；（3）运行在 Microsoft Azure 上的算法。

图 1 所示即为 eDentist 系统架构图。

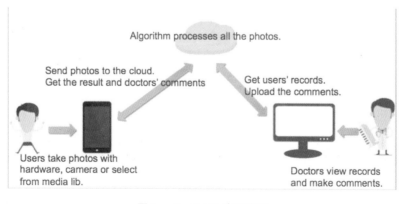

图 1　eDentist 系统架构图

3）系统主要功能模块及系统人机交互设计

图 2 所示为运行在手机上的 eDentist 软件,其中,用户可以进行口腔检查,查看自己的自检纪录,查看与医生的信息交流纪录,查找附近的医院医生以及查看定期更新的健康贴士,等等。

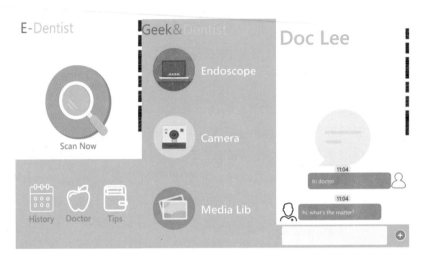

图 2　eDentist 软件

图 3 所示为运行在 PC 上的 eDentist for Doctor。医生可以通过该软件检查所有上传的用户口腔照片,进行评论,添加某一用户为联系人,与之进行即时通信。

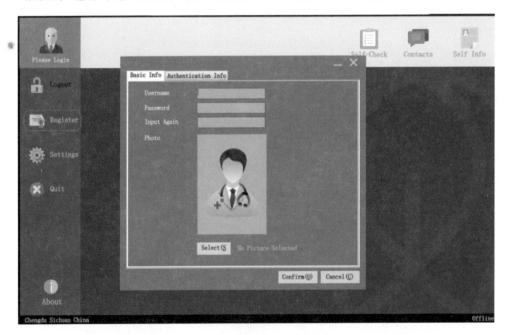

图 3　eDentist 注册

图 4 所示为 eDentist 检查与评论功能。图上可以看到每个用户所在的位置和他的上传照片,包括上传的问卷调查结果和病情自述等。

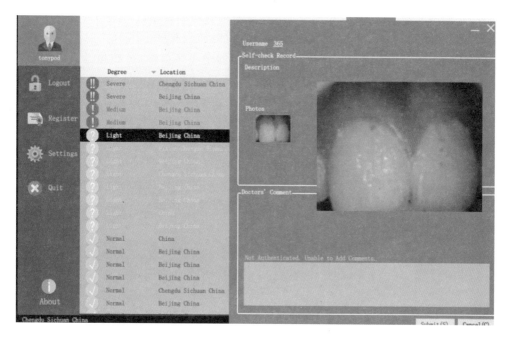

图 4　eDentist 查看自检功能

4. 系统环境

（1）系统软件环境：Windows 7/8/8.1，Windows Phone 8/8.1，Windows Azure，SQL Server Azure。

（2）系统硬件环境：Windows Phone 8 手机，PC。

（3）系统开发环境：Visual Studio 2013 Professional；Expression Blend for VS2013；Visual Studio Online。

5. 未来发展方向

1）技术发展方向

在云端使用机器学习，利用神经网络算法和深度学习策略，基于用户上传的所有样本照片和医生修正信息，不断完善和加强算法准确性。

收集用户非隐私数据，与华西预防科学合作，提供数据背景支持。

加强即时通信模块承载量，增强其并发能力。

2）市场发展策略

在美国等发达国家口腔医疗行业十分发达，人们十分重视，频繁出入口腔诊所，有自己的定期预约。说明口腔健康也可以必须引起人们的重视。对于发展中国家只要解决高额的就诊费用和时间问题，就可以产生突破口。如同小米等国内厂商通过压低价格等竞争手段，一定程度上也是促进了中国智能手机普及率的增长。从用户需求上来分析，口腔健康是生活质量的必要保证,在使用便捷的前提下,几乎所有人都会有向往口腔健康的需求与意愿。

从市场规模来看,市场存在空缺,还远远未达到饱和。发展中国家人们不够重视口腔健康,存在巨大的市场空缺与潜力。调查显示,在中国的中小城市中,虽然超过一半的人认为应该定期检查口腔,但是只有不到 15% 的人有定期检查口腔的习惯。而当成年人面临牙龈出血和牙齿酸痛时,不到 10% 的人会选择就医,大部分会选择忽略此问题或者更换牙膏、牙刷。在成年人中,有相当一部分人一天只刷一次牙,而且不到 7% 的人有使用牙线的习惯,不到 15% 的人有饭后漱口的习惯。而相关的诊断手机软件几乎为真空,存在巨大的市场空白和前景。

可以与传统医疗保健行业强强联合。为推荐功能保留足够的可拓展性,不仅仅推荐附近的牙科诊所,在以后还能推荐适合用户情况的牙膏、牙刷等口腔卫生产品及主治医生。给出确切实际的解决方案,并引导用户更多地去更专业权威的医疗诊所就诊,真正达到软件与实体医疗服务行业的结合与互通。

世界公民项目 5　农业生产自动化机器小车 FarmKit

团队名称：Inditech,江苏科技大学

王康石：江苏科技大学,系统硬件设计

张吉缘：江苏科技大学,软件设计

谢恺：江苏科技大学,产品宣传

刘璐：天津科技大学,美工设计

刘利：江苏科技大学,指导教师

1. 系统主题

1) 引言

　　农业是人类衣食之源、生存之本,是一切生产的首要条件,是支撑国民经济建设与发展的基础产品。我国人口占世界总人口的 22%,耕地面积只占世界耕地面积的 7%。在农业生产过程中,农作物的生长与自然界的多种因素息息相关,包括温度、湿度、光照强度条件、二氧化碳浓度、水分等。传统农业作业过程中,对这些影响农作物生长的参数进行管理主要依靠人的感知能力,存在着极大的不准确性,达不到精细化管理的要求。而当今时代是一个互联网时代,也是农业发展的重要阶段,生命科学和计算机科学技术相结合,将使世界农业发生根本性的变化。因此,如何对大面积土地的规模化耕种实施信息技术指导下的科学精确管理是一个既前沿又紧迫的课题。

2) 选题动机与目的

　　在我们大一下学期时,中国农科院蚕桑研究所的一位副教授委托江苏科技大学开发一套恒温设备,用来在实验室环境中模仿气温的日变化。在交流中,教授总结出他们在农业研究上面临的一些挑战：农业研究(Agricultural Research)的大部分数据只能从实验室和试验田中获得,只能在特定地域获得零散、少量的数据,这往往会造成数据断片、样本数量太小和数据的代表性低的问题。因此我们想要开发一套科学的智能农业套件,以此来帮助获取更全面详细的农作物生长数据,服务于农业研究和生产领域。

　　目前,在发展中国家,还有 8 亿以上人口未达到粮食安全线,还有 1.8 亿的学龄前儿童营养失调,数以亿计的人们正遭受饥饿和营养不良的折磨。在落后的农业生态区,自然资源迅速恶化、人口飞速增长、贫困加剧和食品短缺的主要原因,就是缺乏农业高科技。将计算机网络技术应用于农业领域,使农业生产活动与整个社会紧密联系在一起,可以充分利用社会资源解决生产过程中的困难,农业生产的社会化将进入一个新阶段。

3) 作品的背景

　　社会背景：在现今互联网时代的大背景下,互联网将逐渐渗透国民生活的各个领域。当

今的农业领域虽然已存在一些现代化的设备设施用以对农作物培育进行科学化管理,但如今也未能广泛普及,很大一部分原因在于数据采集设备等设施高昂的成本和各种封闭的监控管理体系,也使得一些有价值的农业生产数据不能得到有效分析、利用并转化为科学决策。

市场背景:目前农产品市场面临的问题是许多农产品普遍存在高产不高效、增产不增收的矛盾,农民收入问题已经成为农村发展面临的突出问题。智能农业是在农业产业化成功实践的基础上的延伸和发展。精确农业物联网系统可以促进农业从以人力为中心的生产模式转向以信息和软件为中心的生产模式,因此该产品有着广阔的应用空间。

2. 需求分析

1) 概要

FarmKit 是一套为农业研究和农业生产提供服务的软硬件设备,借助移动设备、云技术和大数据等当代互联网技术实现农场与管理人员、农场与研究人员、农场与企业之间的便捷高效连接,从而实现智能农业、精细农业和互联网农业。

（1）智能农业

基于智能农业机器人的监测系统可应用于葡萄园、大棚等场所,布设在智能农业机器人上的数据采集节点通过 Modbus 通信协议与车载监控系统连接,将采集到的温度、湿度、大气压等环境数据发送到总线上,这些实时采集的农作物生长所需的空气温度、空气湿度、土壤温度、土壤湿度、光照强度、二氧化碳浓度等参数汇集到智能农业机器人控制终端,通过与互联网相连,科研人员基于公开数据可以轻松开发专家系统,根据环境参数诊断农作物的生长状况与病虫害状况。同时在智能农业机器人控制终端的监视情况下,管理人员可以轻松做出决策,对遮阳帘、风机、灌溉装置等进行控制,实现农业生产的智能化管理。

（2）精细农业

通过智能农业机器人进行田间巡游数据采集所实现的代替人工的农场监视巡逻,可以实现精细农业。精细农业作为农业可持续发展的热门领域其核心是指实时地获取地块中每个小区土壤、农作物的信息,诊断作物的长势和产量在空间上差异的原因,并按每一个小区做出决策,准确地在每一个小区上进行灌溉、施肥、喷药,自动调整喷灌与喷药、喷肥比例,以达到最大限度地提高水、肥和杀虫剂的利用效率、增加产量和减少环境污染的目的。另一方面智能农业机器人获取的详细耕作信息有助于解决许多未知问题。

（3）互联网农业

将农场所采集到的数据(温度、湿度、大气压等环境数据、图像数据、依据图像数据得出的果实成熟度、病虫害程度等)收集,筛选和规范成为对农场管理人员、农业研究人员和农业相关企业有用的信息。使其运用恰当的技术,通过互联网便可获得这些共享数据。

2) 使用场景

农业生产自动化机器小车可应用于温室、大棚等场所,布设在其上的数据采集节点通过 Modbus 通信协议与车载监控系统连接,将采集到的温度、湿度、大气压等环境数据发送到总线上,车载监控系统还能实时进行图像识别,依据预定义的设置进行报警,将这些实时采集的数据统一汇集到控制终端软件。

3）竞争对手和竞争优势分析

（1）部署效率

在部署效率上，农业生产自动化机器小车进行田间巡游数据采集实现了代替人工的农场监视巡逻可以实现精细农业。农业生产自动化机器小车实时地获取地块中每个小区土壤、农作物的信息，诊断作物的长势和产量在空间上存在差异的原因，并针对每一个小区做出决策，准确地在每一个小区上进行灌溉、施肥、喷药，自动调整喷灌与喷药、喷肥的比例。因此可以相对传统农业生产减少大量的人力投入。

（2）运营维护性

该系统基于物联网技术，可通过无线工业网络实现控制器间的链接，相对传统农业生产过程有效地降低了成本，并且具有更好的数据链路并降低了部署。在运行维护过程中系统可以进行远程监控运营。因此可以节省从事农业生产的人员开支，有效提高生产效率并且节约成本，建设可持续发展的新型农业。

3. 系统设计

1）技术方案与亮点

该方案提供一种标准的农业生产自动化系统。该系统控制柜具有相应电气接口，可直接部署至相应的工艺环节，通电后即可使用。农业生产自动化机器小车实现了对小车主机、底盘供电系统的控制、对车载电子设备的工作电压进行实时监控以及车载指示设备（如三色工作指示灯）的工作控制。同时利用 VISU＋组态软件制作了相应的上位机监控程序，通过以太网适配器（FL WLAN EPA RSMA）作为无线通信的工具进行上位机和控制器之间的远程通信，在该模式下可降低自动化设备的成本，可靠的实现农业生产的智能化管理。

通过物联网相关技术实现了系统层的互联，应用该系统可令自动化小车与控制终端互联，实现远程控制管理。该过程中会提供相应的图像识别、智能灌溉、环境数据采集、针对植物状态和小车运行状况的报警、生成多种格式报表等增值服务，解决了农业生产中生产效益低下、资源严重不足且利用率低、环境污染等问题。

2）系统构架以及系统构架图

该系统分为两个层面来进行设计与研发，农业生产自动化机器小车部分和农业生产自动化机器小车控制终端。

农业生产自动化机器小车部分主要由农业生产自动化机器小车硬件、小车行进控制部分和农业生产自动化机器小车车载监控部分组成。自动化机器小车硬件为自主研发的全向底盘，可以适应平坦或者较平坦地面。

农业生产自动化机器小车控制终端负责规划智能农业小车的行驶路径与预设定系统动作，总控制软件通过 APC220 无线数传与智能农业小车桥接。使用 C♯编程语言编写的 Windows 窗体应用程序提高了整套系统的应用前景和易用性。微软的窗体应用程序和 PLC 结合起来，应用于智能农业的研发，大大降低了成本，缩短项目开发周期，并且使项目的调试和维护变得相对容易和方便，而且界面直观、醒目，可操作性强。

FarmKit 系统结构如图 1 所示。

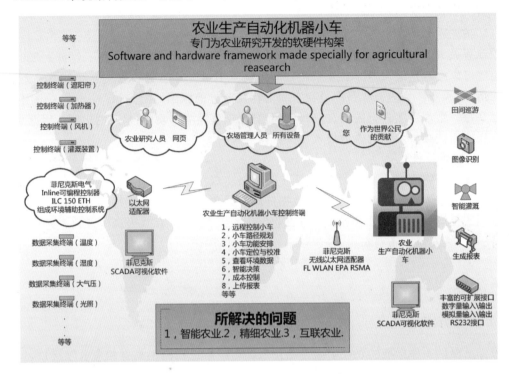

图 1　FarmKit 系统结构图

3）主要功能模块以及主要功能描述

（1）智能农业控制终端（Intelligent Agricultural Control Terminal）：负责规划智能农业机器人的行驶路径与预设定系统动作，作为总控制软件，通过 APC220 无线数传与菲尼克斯以太网端口适配器（FL WLAN EPA RSM）和智能农业机器人桥接。

（2）机器人监控系统（Robot Surveillance and Control System）：负责监视机器人的运行状态。通过接收 GPS 卫星信号并结合 Microsoft 的 Bing 地图 API 实现机器人的定位，并采集机器运行数据和周围环境数据，将获得的数据实时回传与存储在数据库中。也可将采集到的数据上传至互联网中，提供给管理人员或者公开提供给全世界的科研人员。实现对农业环境的温度、湿度、光照、气体等实时监测、曲线显示、数据保存、数据处理等管理、图像视频监控、运用人工智能进行图像处理等功能，同时根据监测的信息对环境回传至智能农业控制终端供人工决策，从而使植物生长在合适的环境中。

（3）温室大棚控制系统（Greenhouse Control System）：主要起到辅助温室大棚环境控制的作用。温室大棚中主要有湿度调节系统、供水系统、采光调节系统、温度调节系统等基础大棚设备组成。这一套辅助控制系统主要以遮阳帘控制、加热器控制、风机控制和灌溉装置控制辅助机器人小车实现农业大棚的自动化。

4）系统主要功能模块及系统人机交互设计

FarmKit 的人机交互设计主要体现在控制终端和监控系统。其中控制终端为总控软件，用户可以在此规划控制机器人小车完成相应指令,也可通过该软件查看并分析相关环境数据。监控系统搭载在机器人小车上,用以实时监视机器人运行状态,该软件具有多种界面显示、数据存储、数据打印、数据查询与统计、超限报警、用户管理等功能。系统支持数据库持久化存储及 html 格式报表导出,也支持报表打印、历史曲线打印,可以查询所需被测点对应时间内的数据记录和曲线记录,可查询在某个时段内的温湿度平均值。当监测数值达到报警条件时,以改变相应数据颜色的方式发出警报;根据不同的用户设置管理员、监测员等权限,具有实时数显、实时曲线、数据报表等多种数据显示方式。

图 2 为用户通过控制终端规划机器人行驶路径并完成相应指令。

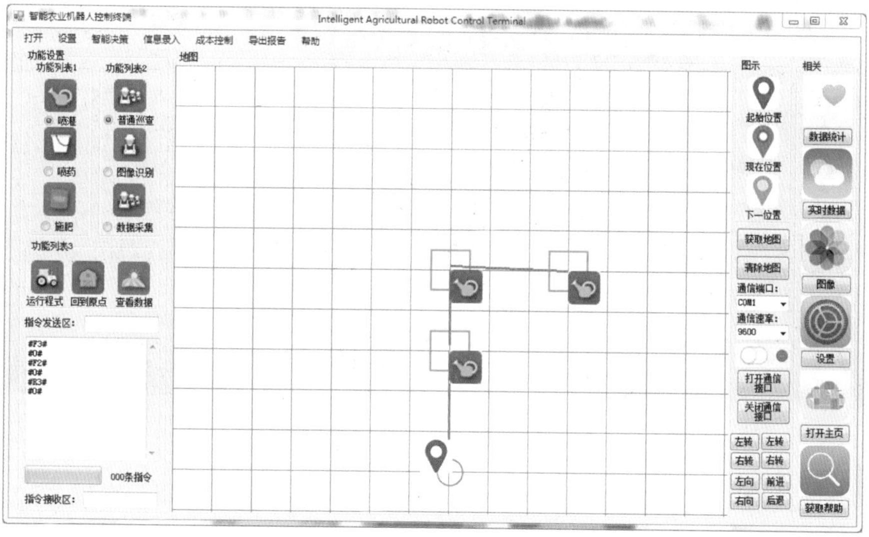

图 2　控制终端主界面

图 3 所示为智能农业控制终端环境数据界面,从中用户可以了解到农作物在大棚中生长的总体状况。

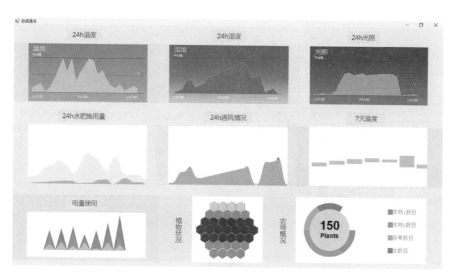

图 3　控制终端环境数据界面

图 4 为用户通过智能农业控制终端规划机器人行驶路径并完成相应指令后的界面。在这个界面上实现了数据显示和设备控制两大主要功能,用户可以查看环境温度、湿度、大气压、光照、获取天气信息以及根据专家系统综合判断给予的 Tips,还可以查看并控制温室的遮阳帘、加热装置、灌溉装置、通风装置等的状态。这里数据的响应是实时的,当然也可以设置采集的周期。还有一些非常可爱的定制功能,例如可以自定义背景,也可以截图然后把这个漂亮的界面分享到微博上。

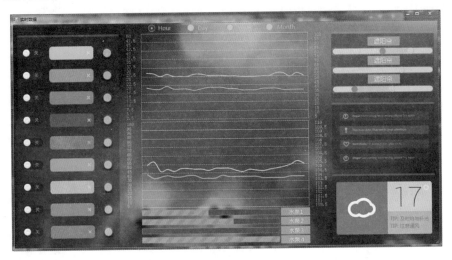

图 4 控制终端实时数据界面

图 5 为主监视界面,负责监视机器人的运行状态,实现对农业环境的温度、湿度、光照、气体等进行实时监测、曲线显示、数据保存、数据处理等管理、图像视频监控、运用人工智能进行图像处理等功能,同时将监测的环境信息回传至智能农业机器人控制终端供人工决策,从而使植物生长在合适的环境中。

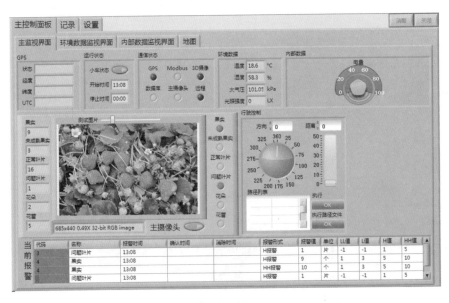

图 5 主监视界面

4. 系统环境

（1）系统软件环境：Windows 7，Windows 8，Windows Server 及 . NET Framework 4.0。

（2）系统硬件环境：支持上述软件环境的 PC 或者服务器。

（3）系统开发环境：Visual Studio 2010，LabVIEW。

5. 未来发展方向

该系统的应用现阶段主要针对我国的农业可持续发展规划方针，推动农业自动化，减少资源浪费。在农业生产中使用农业生产自动化机器小车可以节约大量资源和人力，实现精细化管理，提高农产品质量和生产效率。基于该系统的柔性设计，修改一些系统参数还可以应用至大规模农田的自动化生产当中。

世界公民项目6　牵手未来——儿童安全教育体验系统

团队名称：K. MAN

周赛雄：阳光学院，软件工程师

黄胤清：阳光学院，3D场景设计与动画设计

廖小丽：阳光学院，项目经理

柯赟：阳光学院，市场经理

戴路：阳光学院，指导教师

1. 系统主题

1) 引言

《儿童伤害预防倡导》显示，在全球每天有2000多名儿童死于非故意或故意伤害，有数以千计的受伤儿童因此就医，而且往往会留下终身残疾。如果在世界各地采用行之有效的预防措施，每天至少可以挽救1000名儿童的生命。儿童伤害的危险因素主要为跌倒或跌落和道路交通伤害，假期(7月—8月)是一年中伤害发生的高发期，而家中伤害的发生占到一半。

2014年的《儿童意外伤害研究报告》关于儿童定义的年龄范围参考了《联合国儿童权利公约》中关于儿童的定义，即18岁以下。北京青少年法律援助与研究中心与北京市丰台区小松培训学校搜集整理了自2009—2014年发生在全国范围内经媒体报道的儿童意外伤害案例754个，并对这些案例进行了分析。

报告根据案例具体情况将儿童意外伤害分为10类：水的伤害、火的伤害、电的伤害、动物伤害、食物药物伤害、危险品伤害、危险行为伤害、道路交通伤害、公共场所及其设施伤害和其他原因引起的伤害。报告统计了受到伤害的907个案例，其中死亡485人，占总数的53.5%；水的伤害、道路交通伤害、危险行为伤害是造成案例中儿童死亡人数最多的3类伤害。

在伤害与年龄的关系上报告显示，儿童意外伤害受害人数随年龄的变化有所变化。在统计的案例中，除9岁和11岁外的儿童，1～12岁的受害儿童人数都超过了50人，其他年龄段均低于50人，可见1～12岁是儿童意外伤害的高发期，如图1所示。

而报告给出的预防儿童意外伤害的建议是：儿童伤害是可怕的，但不能因此使家长和儿童陷入恐惧之中，也不能因为害怕发生意外而将孩子束缚住，使他们失去活动自由，否则就背离了本报告的本意。安全教育的目的是随着儿童的成长给予其符合年龄特征的安全教育指导，使孩子拥有一个安全、快乐的童年，建议中强调了儿童安全自我保护教育的重要性的同时还强调了必须通过友好的方式进行安全教育。

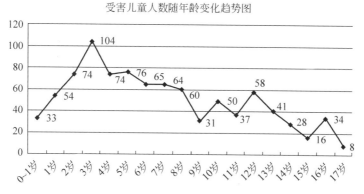

图 1　受害儿童人数随年龄变化趋势图

2）选题动机与目的

现今的安全常识普及一般是通过书面教育和口头教育的方式,这种传统的安全教育方式较为枯燥,而反复的口头教育极易引起儿童的叛逆心理,更容易引发危险。市场上还有一种普及儿童安全教育的方式——儿童安全体验馆,儿童安全体验馆通过形象的实物拟真的体验方式,让儿童更有效地学习安全知识,但是这种教育方式因为建设费用极高而导致无法全面普及,据调查数据显示,福州市区总共有 760 多家幼儿园和 654 所小学,而该市只有一家安全体验馆。导致绝大多数儿童无法从这条途径获得教育机会。

为了改善这种现状,市场上急需一种教育效果好,且容易普及的儿童安全教育方式。因此有了开发本作品的设想。

3）作品的背景

阳光学院所隶属的阳光教育集团旗下还有福州阳光国际学校,包括 6 所幼儿园和 1 所小学。这给我们完成作品提供了无数便利,从调查到测试都能方便地进行。

Kinect 是一种 3D 体感摄影机,它不需要使用任何控制器而只依靠相机捕捉三维空间中玩家的运动。同时也能辨识人脸,让玩家自动连上游戏。它还可辨认声音和接受命令。

Unity 3D 是由 Unity Technologies 开发的一个让开发者轻松创建如三维视频游戏、建筑可视化、实时三维动画等类型互动内容的多平台综合型游戏开发工具,是一个全面整合的专业游戏引擎。

本作品以现有的安全教育措施为基础,采用 Unity 游戏引擎建立安全体验场景,结合 Kinect 技术,开发基于体感交互的创新型安全教育模式,通过友好的人机交互模式进行安全教育,同时尽量降低本作品的成本,让尽量多的儿童能通过本产品获得安全教育。

2. 需求分析

1）概要

（1）将儿童带入虚拟场景中,让他们"亲自"完成安全行为,更加"友好"地学习安全知识。

（2）通过儿童身高判断大致年龄,选择适宜的安全场景。

（3）后期通过"笑脸"识别改进体验，优化安全场景，让儿童在欢乐中学习安全知识。

（4）尽量降低成本，让更多的儿童能享受到优质的安全教育。

2）使用场景

（1）在现有的体验馆、少年宫里向儿童普及安全知识。

（2）在学校里，让儿童在课间接受安全教育。

（3）开发 Xbox One 版本，让儿童在家中也能接受安全教育。

3）应用领域或实用性分析

（1）应用领域：儿童安全教育。

（2）实用性分析：与传统的儿童安全教育模式相比，本作品通过动画拟真的方式进行儿童安全教育，让儿童通过更加生动的方式学习安全知识。

4）竞争对手和竞争优势分析

（1）系统免费

系统及软件完全免费，一般学校都有投影仪和电脑，只需再加一台 Kinect 即可进行生动的安全教育。

（2）易推广

该系统前景可观，由于其设备要求简单，易上手，适合普通人群使用，因此其普及范围较广泛。

（3）更新快

根据各方反馈，该系统可以实时更新软件，而且当产品有更新时，直接通过网络就可将全网的体验场景进行更新。

（4）可通过"笑脸"识别改进体验，可通过身高判断年龄选择适宜的场景

通过 Kinect 获取主要关节数据计数出体验者大致的身高，通过添加 Kinect Face SDK 获取体验者的笑脸次数。根据以上数据来改进体验，选择不同场景。

（5）通过植入广告获取盈利

首先通过免费的方式来推广，争取到大量的用户；当有大量用户数时，争取大量的商家来做广告，相信商家们会愿意把广告投向世界的未来。

3. 系统设计

1）实现系统所采用的技术方案和技术亮点

通过 Kinect 获取体验者的骨骼数据流，通过骨骼数据流判断体验者的姿态和动作，通过获取主要关节数据计算出体验者大致的身高；通过 Kinect 采集体验者的语音数据，加载 Speech 语音识别引擎，判断体验者的语音；通过添加 Kinect Face SDK 获取体验者的笑脸次数，通过 TCP 网络通信技术将体验者的数据发送到服务器上并存入数据库中。

2）系统构架以及系统架构图

（1）运用 Kinect for Windows 技术；

（2）以 Visual Studio 为开发环境；

（3）结合 Unity 3D 实现虚拟场景。

系统架构图如图 2 所示。

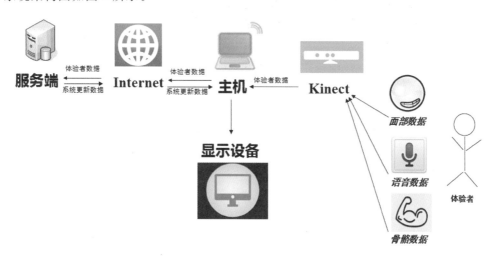

图 2　系统架构图

3）系统主要功能模块及系统人机交互设计

图 3 是防骗场景,体验者可通过摇手拒绝大灰狼的诱惑,最后兔子老师发威吓走大灰狼。

图 3　防骗场景

图 4 是过马路行为规范,根据场景里的红绿灯来模拟过马路,如闯红灯,则体验重新开始;如绿灯通行,则体验完成。

图 5 是将 Kinect for Windows 的数据存入数据库,并通过网络 TCP 通信协议将数据发送给服务器,这些数据是后期作品升级的数据基础。

图 4　过马路场景

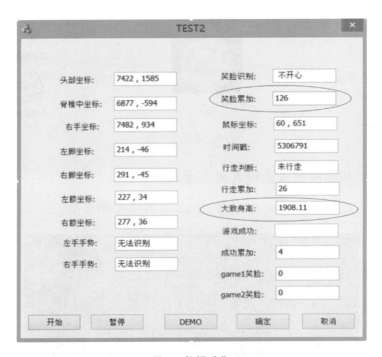

图 5　数据采集

4. 系统环境

（1）系统软件环境：Windows 8/Windows 8.1，Microsoft.NET Framework 4.5 SDK，Kinect for Windows Drive。

（2）系统硬件环境：i7 2.5GHz 或更快的处理器、4GB RAM、USB 3.0 总线及 DX11 图形适配器。

（3）系统开发环境：Visual Studio 2013，Unity 3D。

5. 未来发展方向

1）技术发展方向

设计更多的教育场景以满足需求，同时在项目中开发游戏场景，丰富项目的功能。

2）市场发展策略

除安全教育之外，将这样的技术融入更多的游戏元素，在产品的升级上计划推出 Xbox One 版本，把项目推向家庭。

世界公民项目7 导盲精灵

团队名称：KX-Teens

陈峥：电子科技大学信软学院，指导老师

秦跃鑫：电子科技大学信软学院 2013 级本科生，队长

胡恩泽：电子科技大学信软学院 2013 级本科生，队员

何雨薇：电子科技大学信软学院 2013 级本科生，队员

刘雨：电子科技大学信软学院 2013 级本科生，队员

1. 系统主题

1）引言

在我们的身边，有这样一群折翼的天使，他们和所有的人一样热爱生活，爱着这个美丽的世界，却失去了观赏这个世界的能力，他们需要帮助。

盲人是指视觉有障碍的人。视障主要分为两类，一为失明或称全失明（即盲人），二为弱视（低于正常视力 60%）。

导盲精灵是一款专门为盲人设计的软件，它是基于 Cortana 开发的程序。盲人能够完全不通过视觉对软件进行操作，能够通过本软件拨打电话、发送信息、记录语音日记、听音乐、收听收音机、与好友进行语音聊天、拾取漂流瓶、发送紧急求救短信，等等。

2）选题动机与目的

盲人因为自身视力原因，生活中存在着许多不便。他们在平时的休闲娱乐方式比较少，大多通过收音机来感知外面的世界。

智能手机作为时下一个风头正劲的电子产品，已逐步走进大多数人的生活，给人们的生活带来不少便利。而这些便利却也恰巧是盲人们所需要的，但是智能手机的使用较为复杂，他们因为一些身体原因而无法正常使用。这也就需要一种解决方案来帮助他们和智能手机完美连接，让他们直接感受真实的智能世界，享受智能化带来的便利。而作品"导盲精灵"也就是为了这样的目标来进行设计和实现的。

希望能够帮助更多的盲人更方便地享受科技社会为人类带来的利益，丰富他们的生活，让他们的生活更加绚丽多彩！

3）作品的背景

据统计我国目前有超过 500 万盲人，占全世界盲人总数的 18%。每年约有 45 万人失明，这意味着几乎每分钟就会出现一位新的盲人。

对于盲人来说，几乎没有合适的智能手机供他们使用。目前全球针对盲人设计的手机等电子产品也极其缺乏。而本款软件功能齐全，基于语音识别开发各功能，增强特殊群体的人机

交互感受。除了能够帮助用户方便快捷地使用手机上的基础应用,同时能够创新性地帮助用户增添娱乐生活,还能在突发紧急状况时及时帮助其通知家人并告知具体位置。如若推广,将使全球盲人受益。

2. 需求分析

1）使用场景

（1）为用户使用智能手机基础功能提供简单快捷的切入点

盲人都不太能像普通人那样直接打开软件主界面,所以软件设计为通过手机右下角的搜索键调出 Cortana,通过语音命令进入程序。

（2）丰富多彩的功能为用户带来世界的多彩与欢乐

盲人因自身视力原因而不能参加一些娱乐活动,通常会感到孤独寂寞,这样的生活环境会对他们身心健康造成负面的影响。而该软件丰富多彩的娱乐功能,如漂流瓶、语音聊天、心情日记等,可帮助他们记录自己的生活,向和他们一样的人吐露心声。"导盲精灵"为盲人提供了更个性化的服务,为盲人带来便利。

（3）在紧急状况下为用户智能呼救

盲人时常会出现一些急性的身体问题或在外走失,而家人却不能保证随时在其身侧。紧急呼救功能就可以在这种情况下给用户的家人发送紧急求救短信,向他们的家人提供位置信息,方便其获得帮助。

2）市场调查过程和结论

在需求分析阶段经过了部分市场调查,通过网络搜索和走访,调查了人们对"盲人应用"的了解程度和可接受程度,同时对目标用户对产品的期待值进行调研。通过调查发现,将"导盲精灵"应用在智能手机上,结合两者的长处共同作用将会给用户的生活带来积极的影响,特别是紧急求救功能在帮助用户解决安全隐患方面有着重大的社会意义。

3）竞争对手和竞争优势分析

通过对市场的调研发现,市场上有少数类似产品,但大多数都是 Android 应用,技术也尚不成熟。认真地分析了市场现状后,决定开发 Windows Phone 平台应用。该应用涵盖面更全面,基于语音识别而无须外部设备。并且软件基于语音识别,增强用户的人机交互,减少人机交互的阻碍,更清晰、方便。更重要的是,使用过程中不借助外界设备,首先节约了经费,其次使用更为容易,携带更为方便。整个产品设计更人性化,更能为用户接受,更易于推广。

3. 系统设计

1）实现系统所采用的技术方案和技术亮点

软件是通过 VCD 文件基于 Cortana 调用所有的功能,用户可以在非锁屏的任何状态下长按搜索键便调出 Cortana,对 Cortana 发布语音命令可以调用不同的功能。本软件在网络信号好的情况下(Wi-Fi,3G,4G)将采用云识别(通过云端对语音进行识别)的方式,以此提高语音识别的效率;而在网络情况较差的时候(2G)采取本地识别,这可以为用户节省开支。收音机的开发则是通过 mms 协议接收网络收音机传送的信号,将其转换成声音信息,成为网络收音机。紧急呼救功能中采用 GPS 或者基站定位的方式,得到目前手机所在的位置和经纬度信息,然后通过发送短信的方式向家人进行紧急呼救。

2)系统构架以及系统架构图

系统主要板块有移动端开发及后台搭建,简要系统架构图如图 1 所示。

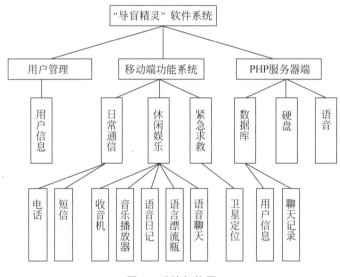

图 1　系统架构图

3)系统主要功能模块以及主要功能描述

一切操作均通过语音实现,方便、快捷,减小了使用难度。

(1) Cortana

为方便盲人使用,软件切入口设置为语音命令,即手机开机状态下,无论处于何种状态,调出 Cortana 并说出语音命令即可进入软件主界面,方便用户使用软件的其他功能。

(2)日常通信

软件可在用户的指令下使用电话、短信、时间播报等功能,同时发送的短信可采用语音输入模式、接收的短信可采用语音播报。

(3)休闲娱乐功能

休闲娱乐板块不但有音乐播放器、收音机等常见基础功能,同时也增加漂流瓶、语音聊天、语音日记等特色功能。

- 音乐播放器、收音机功能皆可通过左右滑屏切换歌曲或频道。
- 漂流瓶、语音聊天可实现用户之间的聊天、沟通。
- 语音日记可记录、查听日记,对于盲人用户来说是一个诉说心事的好去处。还有人脸识别加密机制,使用更放心。

（4）紧急呼救

通过语音紧急求救指令即可将实时定位信息发送给提前设定好的求救号码。因盲人视力不便、老人身体不适等，他们在外出时极可能发生迷路或晕眩等紧急情况，这时可通过软件发送短信给家人，即可快速联系到其家人并获得帮助。

4）系统人机交互设计和主要界面

软件中采取的人机交互主要采用语音、动作手势等简单易懂、易操作的自然交互方式。因考虑盲人因视力障碍而无法看见字幕提示，故一切操作皆采用语音提示、语音输入或动作手势操作。而在交互设计中，也充分考虑到了动作手势的复杂性、易懂及易操作性，同时也考虑语音的歧义性及其种类繁多的情况。

主要的交互界面因视力障碍群体视力较弱，故采用背景简易的风格，以方便用户获取最主要的信息，如图 2 和图 3 所示。

图 2　初始用户需在家人帮助下设置账号

图 3　紧急求救短信内容

4. 系统环境

（1）系统软件环境：移动终端使用 Windows Phone 平台进行开发，因其具有便于携带、大小适中的特点，方便有视力障碍的用户携带与使用。

（2）系统硬件环境：服务器端使用 PHP 搭建服务器与数据库。关于终端与服务器的通信方面，在终端向服务器上传的过程中采取常规的上传方式进行上传。而服务器向终端发送信息时将采取 JSON 的格式传送数据。

（3）系统开发环境：在 Windows Phone 应用的开发过程中，用 Visual Studio 2013 Professional 作为开发环境。而在服务器的开发过程中，使用云服务器，首先在 Eclipse 上面进行开发，在本地进行调试，然后上传到云端与移动终端进行测试。

5. 未来发展方向

目前全球各国普遍都有人口老龄化的趋势，而且盲人数量众多，用户市场的需求较大。在前期软件实用测试中，也证明该软件能在真实盲人用户的试用下有效帮助他们更便捷地使用手机。且软件并不是只想做成一个单一的帮助使用手机上的功能软件，其将和医院进行合作，增加软件的实用性。该应用将能够有效地为 Windows Phone 平台开拓市场卖点。将在一些盲人、老年人组织中免费推广使用，积累用户经验及反馈，然后进一步完善技术功能，使其能帮助更多的人。

世界公民项目 8　基于自然人机交互的特情处置机器人

团队名称：Quintessence

王一睿：华东师范大学，软件工程师

王琬星：华东师范大学，软件工程师

周爱民：华东师范大学，指导教师

1. 系统主题

1）引言

在电影《拆弹部队》中有这样一群人，他们的工作如同行走悬崖——左手是险峰美景，右手是绝壁深渊。他们的"战场"不需要围观者的呐喊助威，没有队员的提醒帮助，有的只是在自己的"无声世界"里瞬间判断，解除危险。面对这样一个守护和平安危、特殊而又高危的职业，我们是否能够做些什么以帮助他们减少伤害的几率。

2）选题动机与目的

在科幻片中常常能看到这样令人羡慕的能力——用自己的意念控制机器，用自己的声音与机器交流，用自己的动作控制机器运动。出于对这样一种全新的自然人机交互方式的向往和憧憬，我们开始探索将科幻片中这些令人羡慕的场景运用在现实世界中，解决人们所面临的困难与挑战。

3）作品的背景

从减小排爆手等特情处置人员受伤害的几率这一思路出发，我们搭建了这样一个基于自然人机交互的特情处置机器人平台。摆脱现有的笨重遥控设备的束缚，操作者只需用意念即可控制机器人的运动，结合第二代 Kinect 传感器，可以远距离地将操作者的控制动作实时捕获并传输到机器人控制器上，使其能够更为自然便捷地按照操作者的意图进行运动，达到更大程度上替代人进行危险作业的可行性，同时降低对机器人控制训练的成本。

2. 需求分析

1）概要

（1）机器人平台机械臂部分的控制

采用人体姿势实时映射机械臂运动的控制方法需要在 Kinect 收集到每一帧数据后对各骨骼点的当前数据进行空间直角坐标系的计算。由于手部动作的复杂性，需要设计一定的算法，通过仅有的几个数据点信息准确得知当前的运动状态，以提高系统的可用性以及可靠性，从而达到该平台的设计目标。

（2）机器人平台的移动

使用意念来控制机器人平台的移动需要通过脑电波传感器实时监测人体脑电波状态。此过程分为训练和预测两个方面。用户在使用前，需针对不同的移动命令反复训练，形成不同的脑电波命令，从而达到较为准确的识别效果。在使用（即预测）过程中，一旦监测到预定波形，便将控制命令发送至机器人控制平台控制运动。

2）使用场景

作品主要使用在特情处置现场，例如：

（1）排爆现场；

（2）化工等危险品泄露处置现场；

（3）具有一定危险的试验场所；

（4）抢险救援中活动空间相对狭小的场所。

除了特情处置，该平台还可帮助残障人士完成一些特定任务，以解决他们行动不便带来的问题。

3）应用领域或实用性分析

基于降低特情处置人员工作风险和维护社会安全的目的，该作品将广泛影响目前依赖机器人进行工作的场景和领域；从实际操作使用的角度看，该作品能够直接影响从事特情处置人员的机器人操纵方式，因此覆盖较为广泛。

4）市场调查过程和结论

根据在互联网上调查到的对自然人机交互方式控制的机器人的设计研发需求来看，该作品进行完善后可与相关机器人企业进行合作，可尝试商业上的推广。作品的设想在成型前，我们与从事公共安全相关方面的人士进行过交流，获得了需求上的肯定。在作品制造过程中，我们可以依托所属实验室，对作品进行跟踪调试，并及时针对市场需求做出改进。

5）竞争对手和竞争优势分析

从目前来看，项目的竞争对手为传统的机器人控制方案提供商，他们具有较为坚实的客户基础。并且人们对于新的控制方式需要一定时间的了解和适应过程，因此传统控制方案的市场仍具有一定优势。但是，该项目针对特定的用户人群，提供一种更为自然、舒适、安全的工作模式，使他们在工作中遇到的风险最小化的同时使他们能够快速便捷地掌握使用方法，完成所需的任务。

3. 系统设计

1）实现系统所采用的技术方案和技术亮点

该系统整体架构分为两个部分。一部分为脑电波传感器接收并识别脑电波命令，从而控制机器人平台的运动；另一部分是通过 Kinect 采集人体骨骼数据，通过空间坐标计算后将人体动作与机械臂运动映射；从而使得该平台能以一种自然的交互方式进行控制。

2）系统构架以及系统架构图

系统架构图如图 1 所示。

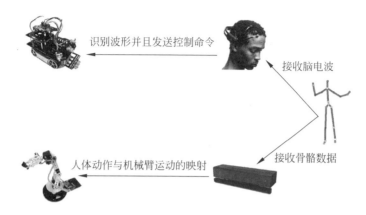

识别波形并且发送控制命令

接收脑电波

人体动作与机械臂运动的映射

接收骨骼数据

图 1　系统架构图

3）系统主要功能模块以及主要功能描述

（1）履带式机器人部分

履带式机器人部分承载机械臂，实现平台的移动。

（2）机械臂部分

机械臂部分实现平台的抓取功能，以完成特定任务。

4）系统平台展示

系统平台展示图如图 2 所示。

Quintessence, from East China Normal University

图 2　系统平台展示

4. 系统环境

（1）系统软件环境：该系统基于.Net 平台，主要运行于 Windows 8 之上。

（2）系统硬件环境：系统采用的硬件有 32 路舵机控制器和 Arduino 控制器，其中 Arduino 控制器采用 Arduino 编写底层识别程序，以检测 PC 端从串口发送的字符串命令。

（3）系统开发环境：系统采用 Microsoft Visual Studio 2013 开发环境，借助 Microsoft Kinect for Windows SDK 2.0 进行开发。

5. 未来发展方向

1）技术发展方向

进一步提升机械臂控制的精度和灵活度，采用自由度更高的设备，以更好地模拟人体手臂运动状态；改进脑电波命令的训练方法，从而获得更为准确的分类结果。

2）市场发展策略

与相关机器人企业进行相关合作，可尝试商业上的推广。同时借助高校的平台进行作品宣传，吸引更多企业的关注。

世界公民项目 9　CaneFitter

团队名称：Trilegs
黄美玉：中国科学院计算技术研究所，系统研发
张静：中国科学院计算技术研究所，产品经理
杨晓东：中国科学院计算技术研究所，商业推广

1. 系统主题

1）引言

拐杖是老年人生活的重要辅助工具，也称为老年人的"第三条腿"。根据全国人口普查显示，到 2013 年底，我国的老年人口数量已经达到了 2.02 亿，而其中大约有 10％的老人由于身体机能的下降需要使用拐杖，也就是说全国有超过 2 000 万的老人需要拐杖的辅助。然而，根据在北京社区中开展的老人使用拐杖情况问卷式焦点调查结果显示，只有不到 25％的老人会到专业机构或者医院购买拐杖，绝大多数老人都是自行或通过亲友在老年人商店或网上挑选拐杖，以致配备的拐杖并不适应自身的体征需求；另一方面，使用拐杖的老年人很少知道拐杖的正确使用方法。医学研究表明，使用不适合的拐杖或者错误的用拐方法，不仅不会给老人的正常生活带来益处，反而会诱发很多疾病，因此，老年人的拐杖适配现状令人担忧。

2）选题动机与目的

通过走访调查发现，出现这种情况主要是因为提供专业拐杖适配场所和人员的稀缺，现在只有辅助器具资源中心能够提供此类服务，但数量十分有限，虽然政府采取一系列惠民政策，例如上门服务等，但人力资源的缺乏导致普及度和影响力都十分有限。通过人工智能技术能够极大地解决人力资源不足的问题，但是目前基于人工智能技术的方法或者需要在老人身上佩戴设备，干扰用户的正常行为；或者教学环境死板生硬，缺乏沉浸感，教学效果不好。因此在已有方法的启发下，我们基于 Kinect 设计并实现了一整套智能拐杖适配终端系统，称作 CaneFitter，在完全无干扰的情况下帮助老人选择适合自己身体状况的拐杖，并在线学习拐杖的正确使用方法。

3）作品的背景

运营背景：团队有着数年的公益活动和科研开发的相关背景，致力于服务社会弱势群体，拥有独立知识产权的技术积累和前沿课题研究能力，同时拥有多年工程项目实践经历。

2. 需求分析

1）概要

CaneFitter 是一套智能辅助适配及教学系统，主要具有两大模块功能。首先是推荐功能，通过步态分析技术及非干扰的身体参数测量，自适应地为用户推荐合适的拐杖。然后是沉浸式教学功能，可以让用户在增强现实环境中在线学习拐杖的正确使用方法，如果用户做错了动作，系统还会自动播放纠正提示，如图 1 所示。

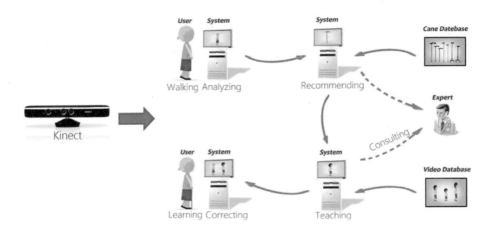

图 1　CaneFitter 的系统架构图

2）使用场景

（1）需要拐杖但并未使用拐杖的老人

让身体机能下降而需要使用拐杖作为生活辅助的老人能够顺利地购买到合适的拐杖，为老人推荐正确类型的拐杖并教会老人如何正确使用拐杖。

（2）正在使用不合适拐杖的老人

该应用可以为老人提供适合其身体特征及健康状况的合适类型的拐杖。

（3）使用拐杖方法不正确的老人

该应用可以让老年人能够在轻松且沉浸式的教学环境中在线学习拐杖的正确使用方法。

3）竞争对手和竞争优势分析

本系统的目标用户是需要使用拐杖的广大老年人，属于社会和国家关注和关爱的群体。传统方式是政府采取惠民政策，提供上门服务为老人适配合适的拐杖，但受限于人力物力，导致普及度和影响力十分有限。

相较于传统方式，该产品具有以下优势：

（1）经济效益优势：本项目响应国家"老有所养"政策，容易得到政府的支持。因此在系统推广前期主要采用与政府部门合作开发的方式,作为惠民政策的落实措施在各个社区以及辅具资源中心、医院等专业机构进行部署,形成以专业机构为中心的星形网络拓扑。前期将政府采购的资金作为收入来源和再研发的经济支撑。

在系统部署的范围足够大后,将进一步拓展智能拐杖适配系统的功能,在为老人推荐合适的拐杖类型和高度的基础上,进一步引入商家以及品牌推荐平台,为老人推荐信誉好的商家、质量保证的拐杖品牌等,并为商家和老人提供沟通平台,在线传送适配拐杖的参数信息并实现在线订购,免去老人购买过程的舟车劳顿。将平台准入以及商家和品牌推荐产生的利润作为项目后期持续的收入来源。

(2)技术创新优势:CaneFitter 是独立研发的完备系统,具有无干扰、沉浸式等优势,而且囊括了从评估、推荐到教学的全方位服务,这都是同类产品所没有的。此外系统的关键技术已发表在国际顶级会议 Ubicomp 上,并申请了国家专利,是具有独立知识产权的前沿技术。

(3)社会效益优势:CaneFitter 服务于全国 2.1 亿老年人群体,能够让更多需要拐杖的老人正确使用合适的拐杖,帮助老年人安享晚年,为人民的幸福奉献力量,具有强大的社会效益优势。

3. 系统设计

1)实现系统所采用的技术方案和技术亮点

首先,拐杖推荐模块建立在 Kinect 的骨骼关节点跟踪技术之上,包括非干扰的步态分析技术和智能拐杖推荐技术。其中非干扰的步态分析技术就是采用两个半正弦波函数对用户的重心移动轨迹进行拟合,根据拟合函数进行步态功能参数的估计。智能拐杖推荐技术则是基于步态分析的结果和其他身体参数的测量,根据医学先验知识为用户推荐合适的拐杖。

在沉浸式教学模块中,基于 Kinect 的 RGB-D 信息,利用精准视频抠像技术将用户图像从复杂的场景中分割出来,融入教学视频中。同时为了实现无缝的视频合成,还研发了一种沉浸式视频融合技术,以保证人物正确的前后遮挡关系,避免空间感错乱,并保证一致的光照效果,使融合效果更加逼真自然,增强沉浸感。

在自动纠错模块,利用隐马尔可夫模型设计了一种基于骨骼关节点空间运动关系的自动匹配算法,可以检测到用户不正确的姿态并进行提醒。

2)系统构架以及系统架构图

如图 2 所示,CaneFitter 的硬件主要由三个部分组成:(1)37 英寸显示屏;(2)Kniect;(3)遥控器。

为了减少安装和运营管理成本,引入了外观设计,将上述硬件进行统一集成和封装。

图 2　CaneFitter 原型图

3）系统人机交互设计

（1）全程语音提示

全程语音提示方便老年人根据提示了解系统进程。

（2）唯一主屏界面的 UI 设计

唯一主屏界面的 UI 设计易于非干扰、沉浸式的教学,不会分散老年人的注意力。

（3）遥控器控制交互流程

通过遥控器控制交互流程简单易操作,适合老年人使用。

4. 系统环境

（1）系统软件环境：Windows 7,Windows Embedded Standard 7 和 Windows 8 Developer Preview。

（2）系统硬件环境：32 位(x86)或 64 位(x64)处理器,双核 2.66GHz 或更快的处理器,USB 2.0 专用总线,2GB 内存,Kinect for Windows 传感器。

（3）系统开发环境：Visual Studio 2013,Kinect for Windows SDK。

5. 未来发展方向

1）技术发展方向

在现有的拐杖适配系统基础上建立远程医疗辅助系统,诊断更多类型的病症,服务面拓展到儿童、残疾人等其他社会群体。

2）市场发展策略

　　如图 3 所示，将政府采购作为第一阶段的收入来源，在社区广泛部署 Canefitter，进而基于系统搭建一个沟通商家、专家和老人三方的平台，以广告收入作为后续持久的盈利模式，并以此形成从拐杖适配、教学到推荐以及购买配送的完整产业链，提升政府、社区以及相关部门的服务质量，增加商家的销售量，并最终服务于老年人，填补市场的空白，构建多重收益的商业模型。

图 3　CaneFitter 商业模型图

第四篇

触笔交互技术专项

墨迹(Inking)平台和触笔设备为 Windows 应用提供了创建手写便笺、绘图和批注等自然交互方式,创造了与使用钢笔、铅笔或画笔在纸张上绘图极其类似的用户体验,突破了传统键盘鼠标输入方式的束缚,以更自然的方式提升了人机交互体验。

Imagine Cup 2015 微软"创新杯"中国区比赛设立触笔交互技术专项奖,旨在鼓励参赛选手使用触笔交互技术进行开发,探索更为高效便捷的人机交互方式。

参赛要求

参赛作品和团队必须符合 Imagine Cup 2015 以及 Imagine Cup 2015 微软"创新杯"中国区比赛的各项要求和规定,详情见《Imagine Cup 2015 微软"创新杯"中国区比赛规则》。

参赛作品必须为参加 Imagine Cup 2015 中国区比赛中游戏开发、最佳创新以及世界公民三个竞赛项目中的一项,并按照比赛的相关要求进行报名、组队并提交作品。

参赛作品必须为用到触笔交互技术及墨迹(Inking)技术,设备类型不限,建议选择 Surface Pro 3 等能够更好支持触笔交互技术的设备。

作品要求

参与竞赛项目的作品要求如下:

参与此项比赛的应用必须使用到微软的工具和技术。应用必须使用到 Visual Studio 家族中至少一个产品进行开发。应用必须使用到下列技术中至少一项：

- Windows；
- Windows Phone；
- Windows Azure。

还可以使用微软平台的 Kinect SDK、.Net、XNA、Bing map API 或者获得授权的第三方游戏引擎和中间件，但并非必须使用。

参赛的学生可以通过 DreamSpark 项目获取免费工具和软件，请登录 www.dreamspark.com 网站进行查看。

评分标准

- 基础分（50%）

基础分为作品在所参加的竞赛项目中的得分，评分标准见《Imagine Cup 2015 微软"创新杯"中国区比赛规则》。

- 技术突破（25%）

触笔交互技术是否是作品的核心输入和人机交互方式？（10%）

针对面向的用户和应用场景，作品是否合理充分地使用了触笔交互及墨迹技术，并通过该技术为用户带来了全新的体验？（15%）

- 技术应用（25%）

作品在界面设计上是否合理体现了触笔交互的特点？用户操作和输入是否流畅自然？（15%）

作品是是否充分发挥了触笔交互及墨迹技术的潜能？（5%）

作品的技术难度和开发复杂度如何？（5%）

技术专项奖特别说明

2015 微软"创新杯"中国区比赛同时设有"Kinect for Windows 技术专项奖"和"触笔交互技术专项奖"，团队参加各中国区比赛项目（游戏开发/最佳创新/世界公民）的作品可根据作品内容同时参与专项奖的评比。专项奖为中国区比赛单独增设，每年将依据不同的技术趋势而设立，专项奖不具备延续性和确定性，具体专项奖是否设立及相应的比赛规则等请以每年大赛组委会公布为准。

触笔交互技术专项项目　陪你写字的"小吉安"

团队名称：Affiliation

高永健：南京理工大学紫金学院，队长，UI 设计

秦健：南京理工大学紫金学院，软件开发

曹玺：南京理工大学紫金学院，策划及市场相关

颜正浩：南京理工大学紫金学院，策划及视频制作

帅辉明：南京理工大学紫金学院，指导教师

1. 系统主题

1）引言

书法一直是中华传统文化的重要组成部分。俗话说"不动笔墨不读书"，书法的学习肯定离不开字帖的临摹。传统的书法教学离不开笔墨纸砚，离不开老师的手把手教学，但是这种教学方式存在很大的局限性。一旦离开老师的指导，初学者便寸步难行，难以理解书法的精髓所在，而且传统书法练习的墨水很容易弄脏双手，这给初学者带来了很大的苦恼。

2）选题动机与目的

近几年，世界上掀起了一股学习汉字的热潮，移动互联网络又在迅猛发展。但是，市场上却缺少一款行之有效的学习书法的软件。现有的软件一方面体现不出中国书法的内涵，另一方面也缺乏临摹练习的功能。市场上仅存的一些软件仅仅局限于机械的汉字演示，而不能进行具有压力感应的书法练习系统。

因此，我们提出了一种行之有效的解决方案——陪你写字的"小吉安"，实现了具有压力感应的毛笔和硬笔双重书法练习。

2. 需求分析

1）概要

本产品适用于来自全球各地的书法练习爱好者。虽然团队的初衷是想要做出一款能够让儿童对练字更有兴趣的软件，但是在市场需求调查中发现，很多成年人也对练字软件很感兴趣，表示很愿意用一款软件在闲暇之余练练汉字。同时，也了解到截至 2014 年 9 月，中国国家汉办已在全球 123 个国家合作开办了 465 所孔子学院和 713 个孔子课堂，许多外国友人都对中华文化尤其是书法很有兴趣，急需一款书法练习软件来满足他们在没有笔墨纸砚条件下的需求，国外市场也是相当的广阔。

2）使用场景

（1）学校内作为统一练字的工具

该产品可以推广至校园,包括中小学和国外的孔子学院和孔子学堂。让孩子们在日常生活中利用该软件来进行练字。

（2）成年中国人业余爱好的工具

很多成年中国人对自己的笔迹并不自信,也需要该软件来练习自己的笔迹,增加自信。

（3）外国友人迫切需要的工具

很多外国友人来到中国以后,最迫切需要解决的就是学说中国话和学写中国字。而该软件刚好能够帮助外国友人学习书写汉字。

3）竞争对手和竞争优势分析

目前市场上的同类软件都或多或少存在着部分问题。首先,没有压力感应功能,写出的笔画都是一样粗细;其次,现有的软件练习模式相对单一,只有单纯的毛笔或者硬笔;再次,这些软件也没有书写工整度判定功能,写出的字并不知道在专业领域效果如何,根本无法起到练字的效果,同时这些软件也没有互动功能,练起字来显得枯燥乏味。而该软件的出现则很好地解决了以上所有问题。

3. 系统设计

1）作品综述

该软件在界面上采用油画风格偏儿童化的设计,简洁大方,具有亲和力,如图 1 所示。

图 1　主界面

主界面上有两个按钮——"趣味临摹"和"跟帖练习",分别对应着毛笔书法和硬笔书法的界面。

图 2 是软件的练习界面。界面右上角的问号按钮是操作演示,单击此处可以观看教学视频。字库由简到难排列,如果用户有一定的书法基础,可以单击木头桩上的"字不够难?点这"按钮,将为用户切换到较困难的字库。单击地上的三个胡萝卜按钮也会产生相应的效果。当用户练完一个字以后,单击"下一个"按钮,会进行工整度判定,判定结果将由"小吉安"语音报出。左上角的"返回"工具可以返回首页。

图 2　趣味临摹界面

图 3 是软件的硬笔书法练习界面。硬笔书法同样支持压力感应系统,经过近千遍的手写体验,该软件可以为用户还原最真实的硬笔书法触感。

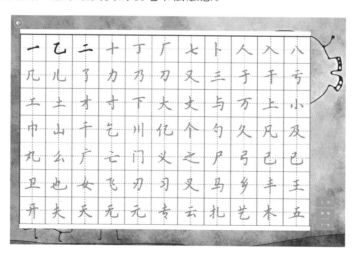

图 3　跟帖练习界面

2）系统特色功能描述

特色功能 1:该软件集毛笔书法和硬笔书法于一体,用户在一个 Surface Pro 3 上就能够轻松实现这两种书法的练习。从此摆脱笔墨纸砚的束缚,摆脱弄脏衣服弄脏手的担忧。

特色功能 2:人机、人人双重互动,在目前的这个 1.0 版本中,给"小吉安"增加了简单的动作以及语音,能够为用户练字带来乐趣。据了解,微软"小娜"目前尚未支持中文,该软件未来的版本会依托微软"小娜"将"小吉安"智能化。用户可以边练字边与他互动。同时,该软件增加了分享功能,用户可以将自己练字的成果分享到微博、人人等社交网络,与好友进行成果 PK。

特色功能 3:压力感应书写。笔尖传来的压力会精准地传递到软件中,还原真实练字中毛笔与硬笔的触感,写出来的字更有笔锋,收放自如。练字效果几乎可以媲美传统的纸质字帖的效果。图 4 为压力感应示意图。

图 4　压力感应示意图

特色功能 4:汉字工整度判定。当用户写完一个字以后,单击"下一个",系统便会根据笔迹生成时的节奏、方向以及线条自身粗细的变化来判定是否工整。随后判定的结果会由"小吉安"语音报出。

4. 系统环境

(1) 系统软件环境:Windows 8/Windows 8.1。
(2) 系统硬件环境:Surface Pro 3。
(3) 系统开发环境:Visual Studio 2013。

5. 未来发展方向

为了充分调动孩子对练字的兴趣,本软件未来版本将加入具有识字组词功能的小游戏。然后计划进一步优化笔锋,让用户写出的字更接近真实字帖的效果。下一步计划将宠物智能化,让练字更具乐趣。针对广阔的国外市场,也将推出中英文对照版本。

在未来的版本中还将加入字体切换功能。现在默认是楷体,后期将提供不同字体供用户选择。还有就是商业化宠物的装饰功能,让用户可以自行选择衣服给宠物穿戴。将深入贯彻"学用结合"的方针,强化儿童模块的"认字"功能。

第五篇

Kinect For Windows 技术专项

Kinect for Windows 是一种创新的体感设备，为基于手势和声音的体感应用提供了强大的创新平台，为快速开发识别人类自然动作、手势和语音指令的交互式应用程序提供了强大的技术支持。

Imagine Cup 2015 微软"创新杯"中国区比赛设立 Kinect for Windows 技术专项奖，旨在鼓励参赛选手使用 Kinect for Windows 技术，开发基于体感交互的创新应用程序，通过非接触式解决方案革新用户体验，在 Kinect for Windows 强大的平台基础上提升参赛作品的创新性和影响力。

参赛要求

参赛作品和团队必须符合 Imagine Cup 2015 以及 Imagine Cup 2015 微软"创新杯"中国区比赛的各项要求和规定，详情见《Imagine Cup 2015 微软"创新杯"中国区比赛规则》。

参赛作品必须参加 Imagine Cup 2015 中国区比赛中游戏开发、最佳创新以及世界公民三个竞赛项目中的一项，并按照比赛的相关要求进行报名、组队并提交作品。

参赛作品必须用到 Kinect for Windows 传感器以及相应 SDK 技术。

评分标准

- 基础分（50%）

基础分为作品在所参加的竞赛项目中的得分，评分标准见《Imagine Cup 2015 微软"创新杯"中国区比赛规则》。

- 技术突破（25%）

Kinect for Windows 技术是否为作品提供了核心的人机交互方式？（10%）

Kinect for Windows 是否为作品带来了更大的价值和更广阔的使用前景？（5%）

针对面向的用户和应用场景，作品是否通过 Kinect for Windows 技术实现了恰当、有效和具有创新性的人机交互模式？（10%）

- 技术应用（25%）

作品是否合理充分地运用了 Kinect for Windows 的架构和设计？（5%）

作品是否合理充分地使用了 Kinect for Windows 提供的各项数据和信息？是否充分发挥了 Kinect for Windows 的技术潜能？（10%）

作品在多大程度上扩展了 Kinect for Windows 技术？技术难度和开发复杂度如何？（10%）

技术专项奖特别说明

2015 微软"创新杯"中国区比赛同时设有"Kinect for Windows 技术专项奖"和"触笔交互技术专项奖"，团队参加各中国区比赛项目（游戏开发/最佳创新/世界公民）的作品可根据作品内容同时参与专项奖的评比。专项奖为中国区比赛单独增设，每年将依据不同的技术趋势而设立，专项奖不具备延续性和确定性，具体专项奖是否设立及相应的比赛规则等请以每年大赛组委会公布为准。

Kinect for Windows 技术专项项目 1　保卫拉普达

团队名称：Hydrz

邢源：北京邮电大学,队长

刘雅东：北京邮电大学,队员

何宇巍：北京邮电大学,队员

1. 系统主题

1）引言

时下 Kinect 作为一款体感捕捉输入设备,以其精准的动作识别和相对便宜的价格成为许多体感游戏爱好者的新宠儿,尤其是在 Kinect 2.0 发布以后,对手指和动作的识别也更加丰富了。而相比于传统的体感游戏只是在电视屏幕上感受乐趣,Kinect 将虚拟现实设备与体感游戏相结合,将玩家完全带入了游戏世界,Virtual Reality 头盔呈现出来的 3D 效果进一步拉近游戏与玩家的距离,颠覆了以往的体感游戏视觉效果。

2）选题动机与目的

在玩了很多体感游戏和目前已有的手机端的虚拟现实的游戏之后,通过比较发现,如果将 Virtual Reality 设备带入到体感游戏中,将会获得很好的视觉效果和用户体验。

3）作品的背景

团队有过 Kinect 的开发经验,同时团队成员又都是游戏爱好者,对设计游戏有着浓厚的兴趣,还有专业的美工,保证游戏场景美轮美奂。在技术方面,由于目前 Windows Phone 不可以和 Kinect 直接交互,所以需要 PC 来进行组网作为桥接,另外就是 3D 效果的呈现需要对手机的屏幕进行分屏,使之成为一个可以很好呈现出 3D 效果的角度。最为重要的是 Kinect 2.0 对手指的动作有了精确的捕捉,这一背景使设计者能够设计更加合理的游戏动作。

2. 需求分析

1）概要

（1）PC 架设服务器与手机端进行数据交互

由于手机无法和 Kinect 连接,需要 PC 作为中介并且进行数据处理,然后将结果发送到手机,由手机将画面及反馈呈现给玩家。

（2）PC 的服务器稳定性

由于 PC 承担了大部分的游戏逻辑判定和数据传输,所以一个运行稳定的服务器是十分必要的,要保证服务器在长时间游戏的情况下不发生故障,从而保证游戏可以稳定运行。

（3）3D 画面的呈现

不同于安卓等手机,Windows Phone 没有现成的虚拟现实解决方案,它需要对照安卓的分屏技术实现手机端的 3D 效果。

（4）Kinect 动作的设计

体感游戏的动作设计要恰当、简单、易学、结合 Kinect 2.0 强大的捕捉,需要设计出符合以上特点的游戏动作。

（5）游戏的可玩性

游戏需要良好合理的策划和丰富的游戏内容,有了这些丰富的内容,玩家才有兴趣继续玩下去,产品才会有市场。

（6）手机陀螺仪

配合 VR 头戴式设备需要使用手机陀螺仪来进行视野的操控,体现更逼真的沉浸式游戏感。

2）使用场景

（1）家庭

该游戏是居家休闲娱乐的好方法,既能玩游戏也能锻炼身体。

（2）Kinect 产品销售部门

通过产品演示吸引顾客兴趣。

（3）公共娱乐场所

如在 KTV 高峰时期需要等候时,该游戏可作为商家留住顾客的手段。

3）市场调查过程和结论

通过对在校同学进行调查,发现他们对体感游戏很好奇,有些体验过的同学也表示很感兴趣。在调查中发现,体验过虚拟现实游戏的人很少,有些同学不了解其为何物。在 DEMO 做出来后邀请同学进行试玩,虽然他们不了解原理,但是都表现出了跃跃欲试的好奇心,试过之后表示 3D 感很强烈,仿佛身临其境。这说明这类游戏的市场前景良好。

4）竞争对手和竞争优势分析

目前竞争对手主要是体感游戏和一些虚拟显示的手机游戏,他们的特点已经很明显,体感游戏现在很成熟,虚拟现实的手游十分方便,只需要手机就行。相比这两类游戏,该游戏将两者进行融合,体感操作用 3D 反馈,有更好的用户体验,使游戏本身变得更酷炫、更吸引人。

3. 系统设计

1）实现系统所采用的技术方案和技术亮点

系统技术方案:采用 Kinect 作为输入设备,将输入动作识别并传输到 PC,PC 作为数据处理和中转站,对识别的动作进行处理得出相应反馈,将反馈发送到手机端进行显示。

技术亮点:基于 Kinect 的框架,将手指动作的捕捉进行应用,模拟现实射箭的动作,该动作简单易上手,且识别精准;3D 效果的呈现依赖于 Unity 3D,使用两个 Camera 对画面进行分屏,并使之形成一个小角度,呈现出 3D 效果,其原理是 3D 成像的原理。

2）系统构架以及系统架构图

系统架构图如图 1 所示,系统由三个部分构成:Kinect 2.0、一台 PC 和一部手机(Windows Phone)。

3）系统主要功能模块以及主要功能描述

Kinect 2.0:完成动作捕捉并输入到 PC 中进行逻辑判断。

PC:完成建立局域网的功能(网卡必备),根据游戏逻辑对 Kinect 的输入数据进行处理,并将结果通过局域网发送到手机端。

手机(Windows Phone):运行游戏,接收 PC 发送的数据,在游戏中进行反馈。

4）系统人机交互设计

人机交互主要由 Kinect 完成,玩家进行游戏时的情形如图 2 所示,动作捕捉由 Kinect 完成,而游戏画面则由手机端分屏实现 3D 效果。

图 1 系统架构图 图 2 使用演示

4. 系统环境

(1)系统软件环境:Windows Phone 8.1,Windows 8.1。
(2)系统硬件环境:Windows Phone 手机,带网卡的 PC,Kinect 2.0。
(3)系统开发环境:VS 2013,Kinect SDK 2.0,Unity 3D。

5. 未来发展方向

1）技术发展方向

可利用局域网开发多人游戏模式,可以让更多人一起游戏,还可以添加玩家认证等功能。

2）市场发展策略

可以上线到 Store 中供玩家下载,或者卖给 Kinect 和 VR 设备销售商作为产品附属品。

Kinect for Windows 技术专项项目 2　Virtual Tour

团队名称：Totoro 团队

赵思蕊：西南科技大学，系统架构师，队长

周和繁：西南科技大学，软件工程师

董乙平：西南科技大学，软件工程师

冯鑫淼：西南科技大学，产品经理

吴亚东：西南科技大学，指导教师

1. 系统主题

1）引言

"羌笛何须怨杨柳，春风不度玉门关"，可对于今天的中国羌城——北川来说，在遭遇 2008 年 5.12 汶川大地震毁灭性重创之后，羌笛还有多少人会吹呢？汶川地震中共有 2 万多羌族人民去世或者失踪，北川羌族民俗博物馆中的 805 件馆藏文物全部被埋，无一幸免，大量研究羌族文化的知名专家也在地震中遇难。羌族文化面临消逝，羌族文化保护刻不容缓！作为华夏子女，能做什么呢？

2）选题动机与目的

为了宣传和保护民族文化、改革传统旅游模式，采用 Kinect 传感器，结合自然人机交互技术，设计并实现了一套虚拟旅游互动体验系统。以北川羌城旅游区为示范点，主要构建羌绣飞毯体验和羌歌羌舞体验，将原生态羌族舞蹈、音乐、服饰等文化内容与科技融合，实现虚拟互动的沉浸式体验功能，有助于用户更直观地了解北川羌族文化，从科技的角度体验当地的民俗特色，更有效地宣传和保护因地震受到严重威胁的羌族文化，从而提升北川旅游影响力，有效促进地区的经济文化发展。

3）作品的背景

由于民族文化宣传和保护的不足以及传统旅游模式发展的弊端，直接导致了一些现有民族文化的消逝、旅游产业发展滞后、游客出行困难等问题，所以借助深度传感器、人机交互、虚拟现实、虚实融合等科技技术，探索旅游模式改革，宣传、保护和发展民族文化，建立虚拟旅游互动体验系统，实现旅游、文化、科技相融合，完成游客旅游个性需求，使用户足不出户就可享受景区的风景、文化和民族特色。同时改变了景区旅游模式，让科技服务旅游，大大推动了民族文化和科技的推广，促进地区经济发展，挖掘民族文化遗产。

2. 需求分析

1）概述

Virtual Tour 旨在宣传和保护民族文化,改革传统旅游模式。在民族文化保护方面,能很好地宣传和弘扬特色禹羌文化,保护因地震受到严重威胁的羌族文化,同时利用科技打造文化品牌,创新民族文化,能够促进少数民族地区经济稳定发展,促进民族文化遗产研究。在旅游模式方面,能解决目前许多用户因为没有时间或经济困难等原因导致的出行困难问题,让用户足不出户就可以从科技的角度感受景区文化风景,同时对景区的宣传也有很大的帮助。

2）市场调查过程和结论

就目前市场上存在的体感游戏而言,大都以娱乐为主,而该系统的虚拟旅游互动体验系统是深度传感器、自然人机交互技术、旅游以及文化等有力结合的产物,所以它不仅具备沉浸式娱乐游戏的效果,而且对宣传和保护民族文化、提升文化影响力、打造旅游品牌等均具有重要作用,它也满足了"智慧城市"、"互联网＋"的新经济发展形态。

3. 系统设计

1）实现系统所采用的技术方案和技术亮点

虚拟旅游互动体验系统具备沉浸式互动娱乐功能,采用 Kinect 深度传感器捕获人体数据信息,在较大范围内追踪人体肢体节点数据,通过对三维空间的人体特征信息提取、运动模型建立以及空间参数分析实现动态手势和肢体动作的识别,在多方位、多角度上与虚拟旅游场景进行实时交互。

（1）动态手势识别

在手势识别方法方面,采用 Kinect 获取用户手势的彩色图像和深度图像信息,通过分析手势几何特征,并结合机器学习算法进行识别。动态手势识别流程如图 1 所示。

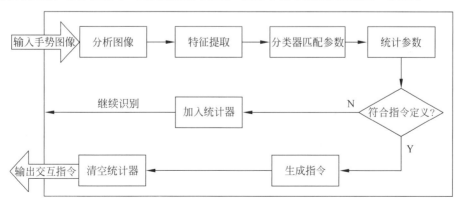

图 1　动态手势识别流程

（2）肢体动作识别

对肢体动作识别提出了一套姿势序列有限状态机动作识别方法，通过 Kinect 获取得到人体骨架三维点坐标数据，通过空间矩阵变换，以用户为中心定义几何变换数据和空间向量，在用户空间坐标系下建立姿势序列有限状态机实现肢体动作语义的分析。肢体动作识别流程如图 2 所示。

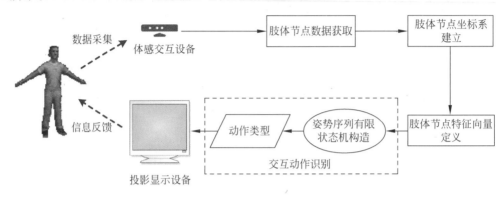

图 2　肢体动作识别流程

2）系统构架以及系统架构图

系统总体框架如图 3 所示。利用 Kinect 实时捕获场景数据信息，这些信息包括用户的手势信息、动作信息等，然后将这些信息转化为有效的人机交互命令，并形成指令对象映射结构，从而实现用户与场景中的对象进行交互。

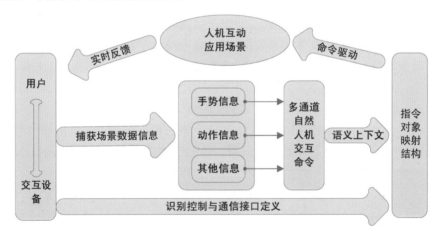

图 3　系统总体框架

3）系统主要功能模块以及主要功能描述

系统以北川羌城旅游区为示范点，主要构建羌绣飞毯体验和羌歌羌舞体验两大功能模块。

（1）羌绣飞毯体验

飞毯带领角色在游戏场景中飞行，玩家通过跳跃、左偏移、右偏移、挥动手臂等肢体动作来控制角色，角色产生相应反馈来完成场景中的任务。游戏场景中包含了绵阳部分特色旅游景点,道具和障碍物也涵盖了建筑、工艺品等文化元素,使玩家体验游戏的同时能够对绵阳旅游资源和旅游文化拥有真切的理解和感悟,了解和学习羌族文化。

（2）羌歌羌舞体验

以北川羌城旅游区的巴拿恰为主要场景,玩家跟随领舞者学习羌族舞蹈,控制虚拟画像同步舞蹈动作,与场景和人物进行互动娱乐,系统能够帮助玩家在体验娱乐过程中了解羌族舞蹈、音乐以及服装文化特色。

4）系统人机交互设计和主要界面

（1）系统主界面

运行 Virtual Tour,系统开始运行后将会看到系统的主界面,如图 4 所示。

图 4   系统主界面

（2）飞毯体验交互部分

用户通过手势控制进入"飞毯"模块,通过与场景中的人物进行交互完成场景中的任务。图 5 展示的是飞毯场景任务漫游的图片。

图 5   飞毯体验部分截图

（3）羌歌羌舞体验部分

在舞蹈游戏中，玩家可以参照场景中人物的动作和右边的提示图片进行羌族舞蹈学习。交互图片如图 6 所示。

图 6　羌歌羌舞体验部分截图

4．系统环境

（1）系统软件环境：Windows XP（32/64 位、独立安装），Windows 7（32/64 位、独立安装），Windows 8（32/64 位、独立安装）。

（2）系统硬件环境：Intel 及 AMD 系列的 CPU，512MB 及以上内存，建议使用独立显卡，可用硬盘空间 512MB 及以上；鼠标、键盘等操作工具。

备注：CPU 主频建议在 1.0GB 以上；内存建议 2.0GB 及其以上。

（3）系统开发工具：Visual Studio 2013，Unity 3D，Maya，Kinect SDK 1.8，.NET Framework 4.0。

5．未来发展方向

1）技术发展方向

在交互方面，实现更自然的人机交互方式，深入研究机器学习算法，让系统具有"学习"能力，从而识别更复杂的人体动作。在场景展示和娱乐功能方面，将会根据用户需求构建更为丰富的场景模型和娱乐模式。

2）市场发展策略

Virtual Tour 将采取与旅游景区合作的方式，进行深入开发和完善，同时针对个体用户提供部分功能的免费下载使用、个性化定制和增值服务。在宣传策略方面，采用实地用户体验以及网络广告和电视广告进行宣传。在营销策略方面，采用"部分免费使用＋增值服务"的营销模式。初期将系统 40％的内容免费给用户体验；中期需要付费使用余下 60％的内容；后期会根据用户的个性化需求提供增值服务。当然，也会提供技术转移和合作开发。

后　记

　　几十年前,著名作家王小波曾这样记述他眼中最动人的一次街头表演:一个夏末的星期天,维也纳最负盛名的歌剧院门前,三个音乐学院的年轻学生在夕阳下安静地拉琴。在这样伟大的艺术殿堂前演奏,如果换做其他人,总显得有点不知寒碜、班门弄斧。但他们是那样年轻而勇敢,带着专注和笃定的神情沉浸在音乐中,一旁的路人都带着赞赏和期许静静观看他们的演出。这世界上没有哪个音乐家会说他们演奏得不好,如王小波所说:"我看了以后有点嫉妒,因为他们太年轻了。青年的动人之处,就在于勇气和他们的远大前程。"

　　2015 年 4 月 22 日,当我熄灭最后一盏灯,离开"创新杯"中国区总决赛现场的时候,我想起了王小波的这个故事。没错,青年的动人之处,就在于勇气和他们的远大前程。每一年的"创新杯"上,我们都看到年轻稚气的青年学生向业界最富经验的前辈讲述他们的奇思与创见,宣告年轻一代所能创造的无限可能性,在这里,处处闪耀着青春的动人光泽。我曾听过很多关于"创新杯"的精彩故事,关于那些奇思妙想是如何产生并演化为最终的作品,关于选手们如何夜以继日地备战、一丝不苟地调试,关于友情和爱情如何在这青春逼人的舞台上发酵和生长,关于他们通过"创新杯"获得了怎样瞩目的创业与成长机会。而当我真正参与其中的时候,带给我的感动和惊喜还是远远超出了我的想象。

　　这一年,我和我的同事们为"创新杯"奉献了许多个不眠之夜和不食之日,但我们仍然对她怀有强烈且持久的热情,因为这个舞台上涌动的梦想、激情和青春气息像阳光一样总在温暖着我们。这次漫长的旅途从 110 场"创新之旅"校园巡讲开始,经历了数千个初赛作品的评审、数百个复赛作品的角逐、数十场区域选拔赛和数次线上答疑,我们最终在北京见到了来自全国的26 支决赛队伍。这里有只身闯天涯的独行侠,有跨院系跨专业的黄金搭档,也有穿着校服有些小羞涩的高中生,他们朝气蓬勃的团队和极富创造力的作品都收录在这本作品集中,作为这次难忘的青春之旅的见证。

　　"创新杯"落地中国已经整整 12 年了,12 这个数字在中国意味着一个轮回。当我们再回首过去的 12 年时,会发现科技已经发生了翻天覆地的变化,并深刻改变了人们的生活方式和整个社会形态。而经历了漫长的时光轮转仍旧不变的是青年学生的激情、智慧与创造力。同时我们也看到,伴随着互联网长大的新一代"创新杯"选手无疑有着更宽阔的视野、更早熟的商业意识和更大胆的技术创新。从最初的命题作文到后来更包容开放的三大比赛项目(世界公民、最佳创新和游戏开发),在这 12 年的变与不变中,"创新杯"也在伴随着时代不断成长。我们希望更多有志青年能利用微软的开发工具和平台创造商业价值、解决现实问题和推动整个社会的创新与进步。

　　青春说长不长,说短不短,刚好够你梦一场。新的一年,让我们期待更酷炫的作品和更动人的故事。青年梦想家,我们不见不散!

孙晓静

2015 年 6 月 11 日